D. LEROUX

AVRIL EN ESPAGNE

de SAINT-SÉBASTIEN à BARCELONE par MALAGA

Notes au jour le jour.

SOCIÉTÉ ST-AUGUSTIN
Desclée, De Brouwer & Cie,
LILLE-PARIS-BRUGES

AVRIL EN ESPAGNE

Grand in-8°. — 2e série.

D. LEROUX

AVRIL EN ESPAGNE

de SAINT-SÉBASTIEN à BARCELONE

par MALAGA

Notes au jour le jour.

SOCIÉTÉ ST-AUGUSTIN
Desclée, De Brouwer & Cie,
LILLE-PARIS-BRUGES

Approbation de Monseigneur l'Évêque de Poitiers.

NIHIL OBSTAT :
Pictavii, die 31 Oct. 1912.
T. VIGUÉ.

IMPRIMATUR :
Pictavii, die 2 Nov. 1912.
† LUDOVICUS,
Ep. Pict.

PERMIS D'IMPRIMER

NIHIL OBSTAT :
Insulis, die 1 Decembris 1912.
H. QUILLIET, s. t. d.,
librorum censor.

IMPRIMATUR
Cameraci, die 2 Decembris 1912.
A. MASSART, Vic. gen.,
pontificiæ domus Antistes.

A la mémoire du Général Lejeune

DANS mon excursion rapide à travers l'Espagne, les contrastes entre les régions du Nord et celles du Sud, entre les Castilles et l'Andalousie, m'ont vivement intéressé ; les œuvres du génie chrétien, les splendides cathédrales, m'ont absolument ravi, et rien ne m'a paru plus délicieux que l'immense jardin d'orangers qu'on appelle la Véga Grenadine ; mais aucune de ces merveilles n'a provoqué, aucun de ces sentiments n'a atteint l'intensité d'émotion que me réservait Saragosse, le Saragosse de 1808 et 1809, visible encore, par endroits, dans la grande et belle ville d'aujourd'hui. Si les pages qui racontent cette visite ne sont pas dénuées de toute trace de cette émotion, si même, elles offrent quelque intérêt, n'est-ce pas au Général Lejeune qu'en revient le mérite ; à celui qui fut un grand guerrier, un peintre remarquable, un écrivain entraînant que l'on suit haletant dans ses *Mémoires*, où l'Episode du siège de Saragosse tient une place marquante, parmi tant d'autres glorieux et sanglants, de l'Épopée Napoléonienne ?

C'est lui, le blessé de Saragosse, l'officier au cœur plein de pitié ; le vaillant Général conquérant à la pointe de l'épée dans cent batailles, ses grades et son blason ; c'est le peintre dont on admire les tableaux de guerre à Versailles ; le soldat dont on lit le nom sur l'Arc-de-Triomphe, parmi les plus populaires de la pléiade incomparable ; lui, le narrateur passionnant du *Siège de Saragosse* et de ses *Mémoires* ; c'est lui qui me guidait, qui m'expliquait la vieille capitale de l'Aragon, son héroïsme, son malheur, sa fierté humiliée...

Quel guide ! quels souvenirs ! quelle bravoure des deux côtés, et que de sang de part et d'autre !

Je salue de la plume cette noble épée, trempée de bravoure française, droite et claire comme un commandement en pleine bataille, acérée contre l'ennemi, saluant avec émotion le malheur immérité. Que de pages inoubliables lui doivent, à elle et à tant d'autres pareilles, les annales françaises !

Ces hommes de guerre, c'est-à-dire, d'intrépidité et de sacrifice, nous ont laissé les plus belles, les plus nécessaires leçons ; c'est pourquoi, je dépose cet hommage sur la tombe du Général Lejeune, en souvenir de ses Mémoires, et en témoignage de reconnaissance.

D. LEROUX.

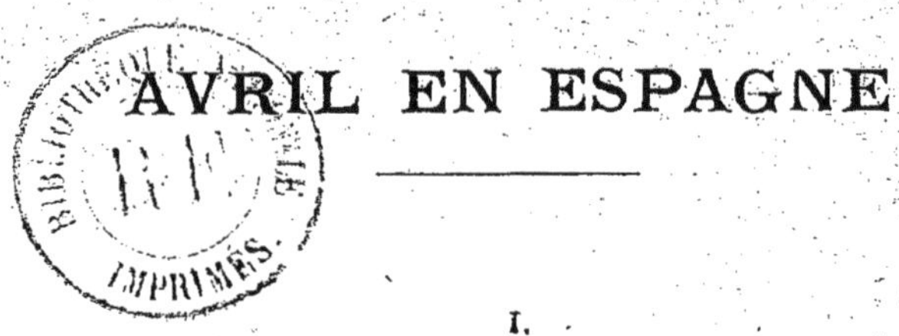

AVRIL EN ESPAGNE

I.

3 avril. — Le départ. — Nuit d'hiver. — Le Rapide manqué. — Salles d'attente... et de congélation. — Bordeaux sous la bise.

Lundi, 3 Avril.

Quelle sorte d'agrément trouvez-vous à vous mettre en route par une bise glaciale, dans la nuit noire, pour un voyage de quelques semaines, *tras los montes?* Aucun, me direz-vous... Ni moi non plus! Et cependant, me voilà en gare, maugréant ferme : Est-ce un temps d'Avril que ces journées, que cette soirée?... Au lieu des chauds rayons coupés — si vous le voulez — de tièdes ondées qu'il nous doit, le printemps nous fouette la figure d'un vent de Nord-Est dont la violence égale la constance! En Décembre, on ne se plaindrait peut-être pas si fort, mais au renouveau!...

Toutes les réflexions possibles dans ce genre maussade, fussent-elles les plus justifiées, n'empêchent pas un train en partance de souffler, de haleter, de rugir!... et gare aux indolents, aux dormeurs, — il y en a un là-bas dans la salle qui ronfle à poings fermés, — aux retardataires! Voyez celui-ci qui arrive hors d'haleine! — « En voiture, Messieurs! » dit l'employé. — Allons, hiss! nous y voilà! Vite! cherchons la chaleur des bouillottes, *bienfaisantes aux pieds des mortels,* eût dit Homère. Déception!... Est-ce la contagion du printemps que nous subissons depuis huit jours? Reviennent-elles du Pôle Nord comme la bise régnante?... Peut-être... En tout cas, le métal qui eût dû rayonner de la chaleur a emmagasiné de la glace, et on est presque tenté de faire un procès à l'Administration qui a si peu de souci des citoyens voyageant sur ses réseaux. Mieux vaut en prendre son parti : au reste, le parcours sur cette ligne ne sera pas long; tout à l'heure, le train va me céder au Rapide de minuit, et le Rapide, c'est la vitesse et la chaleur : double avantage, douce espérance déjà réconfortante!

Temps d'arrêt un kilomètre avant la gare. Pourquoi? On s'inquiète, on écoute : un autre train siffle et roule tout près. Dieu soit loué! c'est la prudence qui nous tient immobiles quelques minutes. Enfin on s'ébranle, et nous voici sous les hauts vitrages de la Station.

Je descends prestement.

— « Le rapide de Bordeaux, s'il vous plaît? »

— « Le Rapide! mais vous venez de vous arrêter pour le laisser passer; il est loin depuis dix minutes qu'il court à belle vitesse! »

Ah! si un juron pouvait le ramener, ce maudit Rapide, ce béni Rapide si vivement désiré, si impatiemment espéré, si malencontreusement manqué!... Que faire? Attendre le premier express!...

Voulez-vous connaître, dans une gare très active, les salles d'attente aménagées de la façon la plus élémentaire, la plus inhospitalière en cette *nuit d'hiver* du 3 Avril?

Quand je dis les salles d'attente, c'est par forte exagération, puisqu'il n'y en a qu'une en trois compartiments, séparés par une cloison d'un mètre et quelques centimètres. La troisième est fort grande; bancs de bois nu; — la seconde, moitié plus petite; bancs sous chemise de cuir; — la première, minuscule; bancs, chaises, un fauteuil, le tout capitonné de drap. La consigne est d'entrer par les portes 3, 2, 1, selon le billet, mais une fois à l'intérieur, le pêle-mêle ne cesse que faute de place.

L'égalité, la chère égalité française se reconnaît encore en ce que le charbon s'éteint doucement dans le foyer aristocratique des Premières aussi bien que dans le foyer démocratique des Troisièmes, le même que celui des Secondes. Il faudrait certes autre chose que des poignées de charbon parcimonieusement mesuré pour changer la température de cette salle immense, haute autant que longue et large.

Résultat : Geler là deux heures durant! Dois-je avouer que d'attendre en nombreuse compagnie est une sensible, mais... fraîche consolation?...

Enfin, voici l'Express! Cette fois, je m'installe en voiture confortable, bien chauffée, bien rembourrée; et c'est plaisir d'être emporté avec une berçante vitesse vers... le pays des rêves. La nuit, le bruit, le bien-être, le tangage du train, tout appelle une légère, puis profonde, puis invincible somnolence qui fait passer dans l'esprit des sensations d'atmosphère ensoleillée, des visions de palmiers balancés par la brise, d'orangers en fleurs et en fruits, inclinant vers moi leurs branches parfumées... Je tendais la main pour les cueillir, quand brusquement le train s'arrêta,... et mon rêve aussi : j'étais à Bordeaux.

Là, j'avais donné rendez-vous à un ami qui, récemment, avait pèleriné avec moi en Orient; nous avions projeté de franchir ensemble les Pyrénées et ensemble de parcourir la Péninsule; mais il avait à écarter d'assez grosses difficultés, je le savais : serait-il fidèle au rendez-vous?... Ma préoccupation ne fut pas de longue durée; pendant que mes yeux exploraient les groupes

BORDEAUX. — VUE GÉNÉRALE. (P. 10).

d'arrivants, une main saisit la mienne et une voix bien connue dit : « Me voilà! »

Ces rencontres d'amis, longuement espacées, sont pour le cœur l'une des choses les plus délicieuses que je connaisse : Avril, commencé d'une façon si rébarbative cette année, allait être embelli et réchauffé par le rayonnement de l'amitié qui me faisait presque oublier l'inclémence des débuts de la saison printanière.

L'immense hall de la gare donne de prime abord une haute idée de la capitale de l'Aquitaine, déjà renommée au seuil même de notre histoire; et, pendant que se croisent dans ma mémoire les noms connus de la *Burdigala* gallo-romaine, je me fais un vrai plaisir de satisfaire la curiosité de mon compagnon de voyage, insatiable de voir et de savoir. Mais nous avions compté sans un troisième personnage, importun, agaçant au possible : Messire le Vent, levé avant le jour, d'une violence et d'une froidure à congeler la bonne humeur dans sa source. Avec un tel tyran qui vous pince le nez et les oreilles, vous cingle le visage, vous étreint les doigts et le corps au point de vous arracher des larmes, il faut de la bonne volonté pour se livrer à ses fantaisies en flânant dans les rues, en errant au désert de la Place des Quinconces, parmi les arbres sans feuilles des Jardins publics et des Avenues; à regarder les débardeurs *en grève* battre la semelle près du fleuve qui frissonne! Les statues elles-mêmes semblent se tordre sous le froid pénétrant, et l'on plaint de grand cœur celles qui ont perdu leurs vêtements.

De guerre lasse, nous cherchons un refuge dans les églises; là, du moins, nous serons à l'abri des coups de fouet de la bise.

Rien n'est plus reposant qu'un instant de bonne prière dans une église; rien ne dispose mieux à apprécier à leur vraie valeur les grandes lignes d'abord, l'ensemble imposant, puis les particularités du monument religieux, roman ou gothique, de toutes les séries. Je n'aime pas à rencontrer l'architecture grecque dans nos églises occidentales; pourquoi?... « A coup sûr, vous gardez en quelque coin un reste de barbarie gothique, » dirait Fénelon. — Oui, et cette barbarie dépasse même les recoins, elle tient chez moi la première place; sur ce point, nous sommes une légion d'incorrigibles. De là, des admirations pour tous les détails qui s'harmonisent avec l'ensemble, procèdent de la même inspiration, concourent à l'expression des mêmes idées, dans un plan complet et bien conçu; de là aussi, les invincibles répulsions en face des autels et retables de style grec, surtout quand ils prennent la place des baies ogivales.

Ces réflexions, bien motivées, — à Bordeaux comme partout, hélas! — ne changeaient pas la température; elles n'empêchaient point non plus les heures de couler avec la même rapidité que si elles eussent été agréablement réchauffées de bon soleil. Dieu sait pourtant à quelle distance nous étions ce jour-là du printemps désiré!... Dans l'espoir de nous en rapprocher, nous fuyons à toute vapeur vers le Sud; le Sud, c'est l'Espagne! c'est le pays du soleil et des fleurs! le vent du Nord n'y doit pas pénétrer, il doit mourir au pied des Pyrénées. Allons donc aux Pyrénées!

II.

BAYONNE-BIARRITZ.

4 et 5 avril. — Bayonne plus hospitalière. — Biarritz. — Un souvenir de Fuenterrabia. — Irun. — *Cambio de moneda.* **— Saint-Sébastien.**

Mardi, 4 Avril.

Quelle intéressante cité que cette ville, semi-espagnole par son aspect et sa population, où la race basque se mêle sans confusion à la race béarnaise! Une agréable hospitalité dans un petit, mais accueillant hôtel du Faubourg Saint-Esprit, nous met ce soir en bon point pour découvrir demain le Bayonne complet.

Fort et place de guerre, elle a de ce fait un caractère spécial; la barre de l'Adour, avec ses remparts de sable et de galets accumulés, est souvent de mauvaise humeur et la lutte qu'y doivent soutenir les navires présente un spectacle curieux à contempler de l'extrémité des jetées. Souvent l'effort est inutile et il faut attendre la marée haute la plus forte pour se lancer à l'assaut d'un abri sûr dans le port.

La citadelle ou Château-Vieux, bâtie sur une partie de l'enceinte romaine, est occupée par une division militaire; le soldat français est bien à sa place dans cette vieille ville, il y donne de l'animation; qu'il circule en flânant dans la pittoresque rue d'Espagne, dans la rue Tour-de-Sault aux maisons originales construites sur les ruines des antiques murailles romaines, flanquées de tours, dont les canons actuels ne feraient qu'une bouchée; ou qu'il passe en peloton sous les belles allées de Paulmy où la verdure fait ses premiers essais; nos pioupious mettent la note moderne et bien vivante à ces choses du passé : Vauban aimerait à voir leurs mouvements parmi les arbres séculaires, fortement campés sur leurs bases, drapés de mousse grise sous leurs feuilles naissantes; vieux témoins, prêts à raconter les victoires de la forteresse inviolée.

Le Pont Pannecau sur la Nive, la rue Poissonnerie, le quai

Galuperie bordé de maisons à arceaux, méritent un coup d'œil attentif. Nous ne manquerons pas de visiter la Cathédrale et le cloître, qui révèlent les conceptions architecturales et le savoir-faire des ouvriers des XIIIe, XIVe et XVe siècles.

Un peu partout, nous rencontrons des groupes d'hommes devisant les mains dans les poches; ce sont les boulangers en grève! Que veulent-ils? Une augmentation de salaire, sans doute, et, pour l'obtenir, ils ne craignent pas de perdre nombre de journées de travail et de priver de pain, peut-être, une femme et des enfants; quel calcul!... En ce moment, ils sont paisibles, et la troupe aussi bien que les gendarmes, venus exprès pour réprimer les troubles, peuvent se promener et admirer la forteresse.

Nous la quittons pendant quelques heures et nous partons pour Biarritz, séparé de Bayonne par quinze minutes de tram ou de B.-A.-B., comme on dit là-bas.

Qu'est-ce que le B.-A.-B.? Un petit chemin de fer reliant les deux villes, en passant par Anglet : de là son nom B.-A.-B. = Bayonne, Anglet, Biarritz et vice-versa. Champs de cultures, blés, luzernes, montant aux premières chaleurs d'Avril, et tout de suite des villas encadrées dans les jardins et les parcs les plus attrayants : c'est Biarritz, la station de bains de mer fashionable entre toutes celles du golfe de Gascogne. Les hôtels sont des palais égrenés le long d'une côte dont les inégalités semblent créées par un ingénieur paysagiste à l'imagination hardie dans ses fantaisies. Les moindres recoins, les promontoires et les vallonnements minuscules étalent des verdures où percent de jolies fleurettes.

Le charme de Biarritz, c'est la mer, les belles promenades de la Grande Plage, les rochers du Port des Pêcheurs et du Port-Vieux, séparés par le Rocher de la Vierge, écueil toujours battu par les embruns et d'où l'on découvre les plus lointains horizons. Partout l'œil trouve ses jouissances, soit qu'il suive la formation, l'agitation, le choc violent des vagues ou la douceur de leur déroulement sur le sable fin du rivage, soit qu'il se repose sur les bosquets de tamaris, les guirlandes de lierre ou les pâquerettes du gazon.

Un clair soleil a attiré quantité de promeneurs, beaucoup d'Anglais; nous les laissons à leurs flâneries pour visiter l'église Sainte-Eugénie toute neuve et coquettement ornée, dominant les bassins du port des Pêcheurs; nous y récitons une prière en faveur de l'Impératrice qui la gratifia de ses dons; aujourd'hui la souveraine nourrit en Angleterre sa longue vieillesse de l'amertume des deuils qui ont courbé sa tête et brisé son cœur! Jadis Napoléon III, la cour impériale et tout le cortège qui suit les grandeurs, apportait chaque année à cette plage en renom, la bonne fortune de la vie, du luxe, de l'acharnement à la poursuite du plaisir; les figurants ne sont plus les mêmes, la scène reste identique; que dis-je? elle est sans cesse embellie! Mais qui ne sait que le drame continue : comédies ou tragédies intimes, joies banales et utiles délassements, tempêtes au vase clos du cœur, plus violentes parfois que celles de l'Océan.

Le retour à Bayonne par le tram à vapeur ménage un autre aspect de la campagne toute gaie de belle végétation : des champs ensoleillés, des villas semées dans la verdure, des bourgades riantes de propreté et d'aisance, font trouver bien courtes les minutes du

BAYONNE. (P. 13.)

parcours. Mais nous ne sommes qu'au début du voyage; il importe de ne pas perdre une parcelle de ces journées dont chacune a son étape, qu'il faut invariable si l'on veut remplir en temps voulu l'itinéraire entier. Aussi, bien qu'il soit parfaitement désagréable et légèrement ridicule de circuler la nuit, quand on a pour but de regarder, de bien voir le territoire traversé, nous n'hésitons pas à dire adieu à Bayonne, à sacrifier le plaisir de promener les yeux sur le pays Basque, si plaisant par son sol accidenté, mamelonné, encadré entre des montagnes superbes et l'Océan si beau à Bidart, Guéthary, Saint-Jean-de-Luz. Un tour de roues et nous entendons appeler Hendaye, station frontière que la Bidassoa sépare de *Fuenterrabia,* Fontarabie, disons-nous.

J'avais autrefois vu ce type demeuré intact de la vieille ville espagnole fortifiée : maisons moyen-âge aux balcons de fer avec miradores joliment ouvragés ; j'avais suivi la Messe à la Cathédrale,

LA CÔTE DE GUÉTHARY. (P. 15.)

la procession d'une Vierge somptueusement parée et agrémentée d'une chevelure retombant jusqu'aux pieds.

Le prédicateur avait glorifié en maître *Nuestra Señora de Guadalupe,* qui protégea si visiblement les citoyens de Fontarabie assiégés par Condé et Saint-Simon en 1638; je me permis de le retenir au passage :

— « A quelle heure sont les Vêpres ce soir? » lui demandai-je.

— « *No comprendo!* » me répondit-il rapidement.

Je reprends la question en latin, essayant d'y mettre l'accent d'Espagne. Pour toute réponse, le Révérendissime Père me montra deux doigts, puis fit le geste d'en scier un, ce qui évidemment voulait dire : deux heures et demie. Je me dis : « Toute l'éloquence a été donnée en chaire, je n'en aurai pas la moindre miette! »

Le temps de lier ces souvenirs de petite — oh! bien petite — importance, et voici *Irun!*

Changement de train, les voies espagnoles étant plus larges que les nôtres : douane et *Cambio de moneda* — change de monnaie. — Offrez de l'or aux Espagnols, ils vous rendent toujours plus que vous ne leur donnez : ce soir, ils nous remettent cent neuf francs pour cent francs. Quand on croit devoir leur en abandonner quelques centaines, le profit paie plusieurs déjeuners et dîners, voire même des journées complètes; l'aventure est agréable au voyageur, mais peut-être moins au Trésor public.

Nous filons dans la nuit et les tunnels; à peine pouvons-nous apercevoir le port pittoresque de Pasajes, le meilleur de toute la côte de Biscaye, où s'embarqua Lafayette pour la guerre de l'Indépendance Américaine. A dix heures du soir, nous entrons à Saint-Sébastien.

III.

SAINT-SEBASTIEN.

6 Avril. — Bonne brise de liberté pour nos Religieux au delà des Pyrénées. — Courte promenade à la plage et en ville. — Comment il n'est pas facile de partir à son gré vers Burgos.

Jeudi, 6 Avril.

PAR la régularité de ses rues, de ses bâtisses, par la belle apparence et tenue de ses hôtels, par sa croissance régulière, Saint-Sébastien ne diffère pas sensiblement de nos grandes villes françaises, mais dès notre première promenade, nous trouvons un contraste frappant entre cette cité aristocratique, séjour d'été de la Cour d'Espagne, et nos meilleures stations balnéaires : ici, les cornettes de tout genre, les robes et les frocs de toutes nuances des religieuses et des religieux espagnols et français, se rencontrent à chaque pas, et le mouvement actif d'entrées ou de sorties des chapelles, donne la note chrétienne du pays en même temps qu'il indique la protection ou au moins la liberté accordée à tous. C'est pour nous une consolation de penser que nos chères expulsées de France vivent, travaillent, enseignent, prient, se dévouent, en un mot, sans qu'aucun émissaire du gouvernement vienne, les chaînes de la loi en main, dire à nos Françaises d'élite : « Halte-là ! »

Depuis quelques heures, nous foulons donc aux pieds une terre de liberté pour les incomparables braves gens que sont nos Religieux français ; nous en éprouvons une très vive satisfaction et de tout cœur, en une fervente prière, nous disons : « Dieu vous protège et vous garde la faculté de le servir en paix ! »

Une autre différence d'avec tout le vu de la France, c'est la plage, la jolie baie sableuse, la *Concha,* fermée par des montagnes au delà desquelles s'ouvre le large, radieux de beau soleil. Des galeries de marbre suivent la courbe gracieuse du rivage, élargissant la route, offrant une ombre propice aux promeneurs, aux baigneurs, et même un refuge aux jours d'orage; le plan de ce travail a été bien conçu, vivement exécuté, et donne plus de charme encore à ce coin ravissant, justement appelé la « *Perla del Oceano* ».

A gauche, à l'extrémité de la plage, une vaste villa ornementée — faut-il dire enlaidie? — de briques rouges, émerge des arbres verts; c'est la *Real Casa de Campo de Miramar,* le Palais Royal pour la saison des bains.

En somme, le cachet espagnol manque à Saint-Sébastien. Brûlée en 1813 par les Anglais qui, jalousement, s'acharnèrent à la destruction de tous les établissements industriels, elle a été reconstruite avec une monotone régularité que souligne encore le goût de faire tout à l'instar de la France. Des milliers de compatriotes aiment à se joindre chaque année aux cinquante ou soixante mille baigneurs qui viennent se reposer des fatigues de leur oisiveté.

A l'exception des églises, d'une architecture peu remarquable, mais déjà riches d'ornementation, rien ne retient longtemps l'intérêt du passant, et, sans regret, nous sommes à trois heures en gare pour continuer le voyage.

VERS BURGOS.

Avec les billets circulaires, le départ semble la chose du monde la plus aisée : faire viser le livret, enregistrer les bagages et conquérir le coin d'un compartiment, c'est très simple, n'est-ce pas? Oui, en France; mais de l'autre côté des Pyrénées, c'est plus compliqué, vous l'allez voir.

D'abord, l'employé tourne et retourne le livret comme s'il n'en avait jamais vu, consulte attentivement la première page, la dernière, feuillette toutes les autres!

— « Burgos », lui dis-je, impatienté.

Il me regarde : « Vous avez *una segunda,* vous ne pouvez pas partir! »

— « Pourquoi donc, s'il vous plaît?

— « Il n'y a que des *primera* et des *tercera* dans le *correo.* »

— « Par exemple! »

— « Vous ne pouvez pas partir! »

— « Mais, j'ai mon billet, je partirai; je sacrifierai mon droit et je monterai en troisième. »

— « C'est impossible! Vous avez droit à une seconde, il n'y en a pas, vous ne pouvez pas prendre les troisièmes; attendez l'Express de demain, ou prenez les premières, si vous tenez absolument à partir; c'est 15 francs 75 de supplément jusqu'à Burgos. »

Et en dépit du bon sens, malgré une discussion de plus de cinq minutes, il fallut en passer par là!

Cet incident dispose mal aux admirations, justement motivées, du paysage, et nous restons persuadés que nous avons été roulés. Aucune réflexion, aucun raisonnement ne parvient à me faire comprendre que j'excède mon droit de voyageur en réclamant une place de troisième avec un billet de seconde. Je conclus donc ce que j'aurai souvent occasion de redire dans la suite : « *Cosas de España!* » Je ne garantis pas l'efficacité de cette consolation.

Par de froids tunnels, le long des eaux rapides, en montant sans cesse, nous voici à Tolosa, jolie ville, célèbre dans les guerres Carlistes. Dix-neuf fois nous passons l'Oria sur de petits ponts de pierre, multipliés autant que l'exige le caprice de cette rivière, que nous quittons à Zamarraga pour en côtoyer une autre : l' « Urola ». La vue s'étend sur la vallée plantée de chênes, de noyers, de châtaigniers, — chose rare dans cette partie de l'Espagne; — les collines sont reliées entre elles par des ponts en fer hardiment jetés au-dessus des torrents qui les séparent; le spectacle est beau, ravissant même, mais une série de souterrains, — treize ou quatorze, — ayant ensemble une longueur de huit kilomètres, le dérobe à notre admiration; nous sommes au faîte de la chaîne Cantabrique, sous deux cents mètres de crête! Adieu, les visions de belle nature! nous n'apercevrons plus, par quelques échappées, que des montagnes dénudées, sillonnées de cours d'eau, de grands rochers en aiguille dont la pointe semble vouloir percer le ciel!

Nous sommes à Brincola; est-ce le brouillard qui cache l'horizon? nous ne distinguons rien; l'obscurité se fait, mais un examen attentif nous montre de rares et légers flocons de neige, qui, voltigeant dans l'air, forment une sorte de rideau sur les objets environnants; bientôt, ce sont de belles rafales qui, en un clin d'œil, couvrent la campagne. Annoncée par cette blancheur peu à peu grisonnante du nuage neigeux, la nuit est tout à fait venue quand nous passons à Vitoria, capitale de la province d'Alava, avec le regret de ne pouvoir nous y arrêter. La compensation, c'est que nous n'aurons pas la moindre émotion en courant à travers les gorges de Pancorbo, sur d'affreux précipices, dans les longs tunnels qui éventrent la montagne pour nous laisser arriver à Burgos; nous y sommes à onze heures du soir.

Par la belle promenade de l'Espolon, au milieu d'une triple allée d'arbres, ornée de fontaines, de statues de rois et de personnages illustres, nous faisons notre entrée dans la Capitale frileuse de la Vieille-Castille; le sol est couvert d'un épais manteau blanc et nos membres sont engourdis, presque grelottants.

Sur le palier de l'Hôtel de X***, six garçons rangés en cercle, graves et solennels comme des diplomates, attendent les voyageurs des derniers trains : « Bon, me dis-je, voilà des prévenances enga-

AUBERGE PRÈS DE SAINT-SÉBASTIEN. (P. 19.)

geantes; combien coûteront-elles?... » La note du lendemain me donna la réponse; je ne serai pas loin de la vérité en déclarant que ce petit apparat est payé deux francs par tête. A mon avis, l'hôtel de X*** n'est recommandable qu'aux gens qui ne craignent pas de payer très cher l'eau fraîche servie sur la table.

IV.

BURGOS.

7 avril. — La neige. — La Cathédrale de Burgos. — La *Sala Capitular* et le Coffre du Cid. — Papa Morgas. — Le Loudunais S. Alléaume. — En gare, attente indéfinie après rencontre de trains à Alsasua. — Réflexion superbe du *Jeffe de la Estacion.* — Pas de train sur Avila. — A Madrid par Ségovie.

Vendredi, 7 Avril.

QUAND, en France, je parlai du désir de visiter Burgos : « Vous aurez froid, me dit-on; vous savez le proverbe : A Burgos, neuf mois d'hiver, trois mois d'enfer! » — En quittant Saint-Sébastien, notre gracieuse hôtelière me répéta la même parole : « *Oh! frio! muy frio!* — froid, grand froid; » — et, en même temps, elle se secouait comme prise d'un frisson. La soirée d'hier, et cette journée du *sept* ne devaient pas démentir une réputation bien méritée. A cette altitude, — mille mètres, — le printemps ne commence qu'en juin; l'été n'apparaît que pour s'enfuir. Nous sommes au *sept* Avril; quoi d'étonnant si les maisons sont festonnées de glaçons, les arbres fleuris de neige? Il faut en prendre son parti et piétiner dans une affreuse mixture jaunâtre qui peut gêner les promenades, mais non pas amoindrir l'enthousiasme dont on est saisi en se trouvant tout à coup, au sortir des rues sales et des constructions sans goût, devant la merveille, le chef-d'œuvre de dentelles de pierre : la Cathédrale!

LA CATHÉDRALE DE BURGOS.

Elle est jeune, splendide et gaie, pleine d'élégance et de grâce! La porte principale, défigurée par la reconstruction de la partie inférieure, est brodée, fouillée, fleurie avec une finesse incomparable. La rosace, au-dessus du soubassement indignement remanié, rayonne, vaste et riche, surmontée d'une galerie à arcades où siègent huit statues de rois, gardiens d'honneur de l'insigne basilique; deux longues fenêtres ogivales préparent le balustre dont les découpures et les dessins forment cette inscription : *Tota pulchra es et decora.* La dentelle des flèches, hardiment ajourées à cent mètres de hauteur, écrit aussi, en caractères que les ouragans de la montagne n'ont point entamés : *Agnus Dei* et *Pax vobis.*

Avant de continuer, je m'arrête pour considérer l'ensemble de l'édifice qu'un rayon de soleil éclaire en ce moment comme pour en faire mieux ressortir les splendeurs. L'élévation, les décors des portes et des murs du transept; l'abside et ses clochetons; les rosaces, les fenêtres ogivales, l'harmonieuse symétrie des colonnettes, la multitude des sculptures, la hauteur des statues, l'élan de toutes les lignes, la grandeur de l'ensemble et le symbolisme des détails produisent une impression de beauté impossible à exprimer. La fidélité des gravures peut seule donner une idée de ce monument, une image de cette incomparable création; encore faudrait-il y ajouter les reliefs, la couleur et cet épanouissement de vie qui émane des statues et va des saints aux moines, des rois aux archanges.

Au portail septentrional, les douze apôtres veillent aux pieds du Christ au milieu de ciselures d'une délicatesse inimaginable.

Le *Crucero* signale le croisillon et le domine de la hauteur de ses fenêtres, de ses huit tourelles découpées, peuplées de saints et toutes terminées par de fines aiguilles. Quand Charles-Quint le vit pour la première fois, il fut frappé d'admiration : « Il faudrait, dit-il, mettre ce joyau dans un écrin et ne l'en sortir que rarement ! » Le passant regarde avec la même admiration, sans toutefois former le vœu du grand empereur, mais il lui adresse les paroles gravées sur son frontispice en lettres de pierre à l'honneur de la Vierge Marie, tant aimée et honorée en Espagne : « Vous êtes toute belle et gracieuse ! »

Inutile de relever le symbolisme de la Trinité dans les trois nefs, de la Rédemption dans la croix du transept, de la lumière qui partout vient d'en haut, du triomphe de la vie chrétienne dans la splendeur du chœur et du sanctuaire. On sait que les pierres de nos églises, édifiées par la science et la foi religieuse, constituent le livre toujours ouvert, toujours lisible des illettrés qui l'épellent avec profit, des savants qui l'expliquent avec ravissement.

En 1487, le connétable Hernandez de Velasco et sa femme doña Mencia obtinrent, pour la rémission de leurs péchés, de rebâtir l'oratoire de Saint-Pierre, au chevet de la cathédrale. L'architecte, Simon de Cologne, sut allier la hardiesse du gothique à la grâce de la Renaissance; la grille de l'arcade, ornée de bas-reliefs, qui conduit de l'église à la chapelle, est elle-même un chef-d'œuvre. A l'intérieur, de fines colonnettes montent d'un jet jusqu'au point où elles se courbent pour encadrer l'ogive des fenêtres, et former

BURGOS. (P. 22.)

l'étoile à huit pointes qui ferme la voûte ou dôme élevé et lumineux. Au-dessous des fenêtres, les tribunes; autour, un feston de pierre défie les plus somptueuses broderies. C'est cette merveille, appelée la « Chapelle du Connétable », *Capilla del Condesdable*, qui abrite la dépouille mortelle du « *très illustre seigneur don Pedro Hernandez de Velasco, connétable de Castille, vice-roi de ce pays pour les Rois Catholiques, et de la très illustre dame doña Mencia, comtesse de Haro, fille de don Lopez de Mendoza et de doña Catalina de Figuersa, marquis et marquise de Santillane, morte en l'an du Christ 1500* », et que tout voyageur tient à visiter, n'eût-il que quelques heures à consacrer à Burgos.

Les autres chapelles, les tombeaux, les tableaux signés de grands noms, et surtout *la Silleria* du *Coro*, complètent le cachet artistique du monument. Cette *Silleria* ou *stalles du chœur*, — deux cents, — est un fort beau travail de sculpture en bas-relief, couronné d'une galerie à colonnettes, dominé par deux jeux d'orgue de proportions monumentales.

Ebloui par cette prodigalité de richesses, on est étonné de trouver, pauvre et nue, la « *Sala Capitular* », — Salle du Chapitre; — en revanche, à la muraille est fixé un coffre dont nous regardons avec curiosité les planches vermoulues. Un chanoine, bréviaire en main, nous observe du coin de l'œil; je m'approche, et, le saluant :

— « Monsieur, lui dis-je, pourriez-vous m'expliquer pourquoi cette malle ici? »

— « Ah! vous ignorez ce que c'est? »

— « Oui, je n'en ai pas la moindre idée. »

— « Connaissez-vous don Ruy Dias de Bivar? »

— « Je crois bien! C'est un des héros de votre histoire, glorifié sous le nom de Cid Campéador. Notre grand poète Corneille l'a célébré dans une belle tragédie; vous l'avez lue peut-être? »

— « Assurément! Eh bien, les héros les plus incontestés subissent de mauvais quarts d'heure, où l'escarcelle est vide du dernier maravédis. Le Cid eut l'embarras d'un de ces moments; il dut s'adresser, pour faire monnaie, à un usurier juif. »

— « Le monde n'a guère changé sous ce rapport depuis huit cents ans; quand il faut de l'argent, beaucoup d'argent, c'est encore à l'usurier juif qu'on fait appel. »

— « C'est vrai, avec une nuance cependant; de nos jours, le juif ne se contenterait plus du gage que donnait le Cid; ce gage était précisément renfermé dans ce coffre. »

— « Ah! qu'était-ce donc? »

— « Du sable et des cailloux; voilà ce qui le rendait si lourd; mais la parole du Cid valait tous les trésors : il s'engageait à payer, à quatre ans de là, capital et intérêts; jusqu'à cette époque, le coffre devait rester fermé. »

— « Heu! heu! ce bon tour joué au juif n'est pas tout à fait à l'honneur de votre héros; je ne m'étonne pas que la critique moderne l'ait entamé d'un assez fort morceau! »

— « Bah! laissez donc la critique et respirez le parfum des fleurs de la légende. D'ailleurs, notre illustre guerrier a été fidèle à sa promesse, il a payé sa dette et repris sa malle, la voici! »

Sur ce mot et ce geste, le Chanoine, qui maniait si aisément la langue française, se retira.

Le juif résista-t-il à l'envie de vérifier? C'est possible; la colère de Rodrigue était assez redoutable pour qu'il fût obéi. — « Je pars pour quatre ans », — avait-il dit; et, menant au couvent de San Pedro de Cardeña, à trois lieues de Burgos, ses enfants et sa femme, la bien-aimée Chimène, à la garde de Dieu, il s'en va poursuivre son austère et glorieux destin : il bat les émirs et les rois, prend Tolède, Valence et cent autres villes, dont il envoie les clés d'or à son maître ingrat, l'ombrageux Alphonse.

Après quarante ans de victoires, le Campeador se sent faiblir; en chrétien courageux, il entend l'appel de Dieu : « J'y vais », dit-il, et il se prépare à mourir; puis, avec une audace que n'a point connue Charlemagne mourant à l'aspect des Normands envahisseurs, il veut encore affronter les Maures d'Afrique; ceux-ci essaient de reconquérir Valence. — « Quand je ne serai plus, dit notre héroïque chevalier, embaumez mon corps, placez-le tout armé sur mon fidèle Babieca, et conduisez-moi, escorté des prêtres, jusqu'à San Pedro de Cardeña, mon domaine préféré! ».

L'ordre fut exécuté. Or, une nuit, l'émir Bucar aperçoit cet étrange cortège commandé par un cavalier fantastique; les cierges lui font un chemin de lumière; cette vue le trouble, le son des clairons augmente sa terreur, il fuit!... Les soldats du Cid en profitent, pénètrent dans le camp et le mettent en pleine déroute; l'ombre de Rodrigo Diaz remportait une dernière victoire!

Un semblable batailleur ne pouvait être enfermé dans la tombe. Alphonse VI, venu en hâte au monastère rendre hommage aux restes du conquérant, ordonne de l'asseoir sur un siège de marbre, son épée Tizona au poing. Un musulman trop hardi ose, un jour, approcher sa main de la barbe du héros; l'épée s'abat et le renverse.

Qui ne reconnaît dans cette merveilleuse épopée le peuple que nous visitons, le patriote de la *reconquista*, qui chassa les Maures de chez lui après sept siècles de croisade? L'âme du Cid sommeille encore dans toute âme espagnole; c'est ce qu'il faut comprendre, peut-être, pour expliquer bien des choses dont la raison nous échappe. Les chanoines de Burgos pensent que le Coffre du Cid est une relique de telle valeur qu'elle dispense de toute œuvre d'art dans la Salle Capitulaire. Je ne soutiendrai pas qu'ils ont tort!

Rentrons à la Cathédrale : l'examen attentif des boiseries, des portes admirablement sculptées, des fers forgés, des colonnes fleuries à profusion ne fit que confirmer notre admiration de ce prodigieux

CATHÉDRALE DE BURGOS. (P. 22.)

travail. En Espagne comme en France, comme en Allemagne, le treizième siècle a été l'apogée de la civilisation chrétienne médiévale, s'exprimant par des poèmes de pierre, l'histoire et la poésie du christianisme vainqueur, la foi des grands et des petits, des savants et des ignorants, chantant les immortelles espérances et les divines charités. Y a-t-il quelque chose de plus beau que l'unité morale des peuples de la chrétienté, leur vie si forte, leur idéal si élevé, leur activité dans toutes les manifestations et complications du travail et du savoir humain, enfin, leurs libertés si larges que nous regardons comme un insigne progrès d'en conquérir quelques lambeaux?

Même les guerres, au moyen-âge, étaient marquées du caractère généreux que donne la lutte pour une noble cause.

A travers les passes difficiles, l'élan religieux ne s'est jamais arrêté, jamais ralenti; la passion de la justice enveloppait la passion de la liberté : donner à Dieu son âme, et puis des âmes toujours plus nombreuses, toujours plus intelligentes du bien, était l'ambition des rois et des peuples, l'aliment des courages guerriers, des initiatives sociales comme des vertus domestiques; et cet épanouissement des cathédrales gothiques d'un bout à l'autre de l'Europe, le développement de leurs lignes horizontales, s'allongeant et se fermant comme pour enserrer la terre entière; l'élévation des verticales montant légères, fleuries, dentelées, barbelées vers l'infini, la pointe perdue dans l'azur, à la manière des notes aiguës d'un chant d'alouette dans les nuages, — pourquoi cette comparaison plutôt bizarre vient-elle à l'esprit sous les glaçons de Burgos? — la solidité de ces monuments cimentés, peut-on dire, par l'esprit de désintéressement, — car qui donc, parmi les bâtisseurs, pouvait espérer y prier Dieu pour lequel il travaillait? — l'allégresse d'âme qui se manifeste en cent manières dans les scènes, les personnages, les postures; dans l'infinie variété des imaginations, même dans les malices préméditées, exprimées en traits passés à la postérité; l'abondance des détails, la valeur des décors!... n'est-ce pas là vraiment la vie intense, croyante, heureuse et chantante de tout le moyen-âge si peu connu, si peu compris et tellement défiguré?

Aux montagnes Cantabriques comme aux plaines de Castille, l'Eglise avait su, en vraie mère, donner du bonheur à ses enfants.

Pendant qu'avec toute l'attention possible nous examinions tous les aspects, tous les coins et recoins de l'admirable basilique, l'heure sonne si claire, si vibrante dans le grand silence de l'édifice, que d'instinct nous cherchons d'où peut venir ce son retentissant. Aussitôt, nous apercevons un fort groupe de visiteurs stationnant, tête en l'air, près de la porte; nous suivons le mouvement et nous découvrons, haut perché, un bonhomme de fer, chamarré de vert et de rouge, qui, d'un bras vigoureux, frappait la cloche pendant que la mâchoire s'ouvrait toute grande pour compter les coups : c'était le légendaire *Papa Morgas!*

Dans nos plus imposantes cathédrales, la verve des sculpteurs a su se faire jour de la façon la plus pittoresque, parfois la plus inattendue : ici la note comique est donnée par le geste du bonhomme qui accomplit, non sans grimaces, mais en conscience, la mission de sonner les heures.

AVILA, PATRIE DE STE THÉRÈSE (P. 32.)

En qualité de Poitevin et de Loudunais, je ne pouvais quitter Burgos sans rendre mes devoirs à un compatriote du onzième siècle, connu chez nous sous le nom de Saint Alléaume. Issu d'une famille noble de Loudun, il embrassa d'abord la carrière des armes, puis, donnant ses biens aux pauvres, il se fait pèlerin, va à Rome, et, au retour, entre au monastère de la Chaise-Dieu, en Auvergne. Bientôt, la sainteté d'Alléaume franchit les bornes du monastère, de tous côtés on implore son secours; en Espagne, le roi de Castille, Alphonse VI, veut avoir pour son pays le bénéfice de ses vertus; il le mande près de lui. L'humble religieux se soumet à la volonté de Dieu; il part, va rejoindre le roi qui, avec une armée de braves, assiège Tolède. On est au premier Mai; les pluies d'Avril et la fonte des neiges sur les hauts plateaux ont fait déborder le Tage et ont arrêté l'élan des troupes royales, composées des plus nobles chevaliers du royaume, parmi lesquels Rodrigue de Bivar. Devant l'hésitation générale, le jeune moine monte sur son âne et s'élance dans les eaux tumultueuses, la prière aux lèvres, la foi dans l'âme; il traverse le fleuve; un instant après, il est intact sur l'autre rive. Le Campéador, honteux d'être devancé par un moine, se jette à la rivière et passe à son tour; bientôt l'armée entière lutte avec le flot courroucé, pendant qu'à genoux Adelelmus la recommande à Dieu. Le Tage est franchi, Tolède est prise, et un Français, Bernard de Cluny, devient « Primat de toutes les Espagnes ». Ce que la noble, intrépide et héroïque chevalerie castillane ne put réaliser seule en ses exploits, le Seigneur le réalise par sa chevalerie, par d'humbles religieux qu'il mêle à la reconquête du royaume catholique.

Un hospice pour abriter et soigner les pèlerins de Saint-Jacques de Compostelle, puis un monastère à Burgos : voilà le cadre où s'écoula désormais la vie du pieux bénédictin, aujourd'hui patron de la capitale de Castille.

Pour porter mes hommages doublement motivés à un si saint personnage, je m'adresse au premier ecclésiastique rencontré : « *Ubi est ecclesia Sancti Adelelmi?* — Où est l'église Saint-Alléaume? » — « *Non cognosco ecclesiam hujus nominis.* — Je ne connais pas d'église de ce nom; vous voulez peut-être dire : l'église de Saint-Lesmès? »

— « Je parle d'un saint français, un humble religieux, poitevin d'origine, venu en Espagne sur la demande du roi, mort et enterré à Burgos; nous l'appelons Alléaume ou Adelelme. »

— « C'est bien notre saint Lesmès; une église paroissiale lui est dédiée; vous la verrez à quelques pas d'ici, au delà du cours d'eau. »

L'indication était exacte; ayant traversé le pont au-dessus de l'Arlanzon, nous voici devant le tombeau de marbre blanc, entouré d'une grille, au milieu de la nef; la vie et les vertus du saint

Loudunais passent rapidement dans ma mémoire, et, dans une fervente prière, je demande à mon illustre compatriote Lesmès, Adelelme, Elelme ou Olesmes — il répond à tous les noms — de

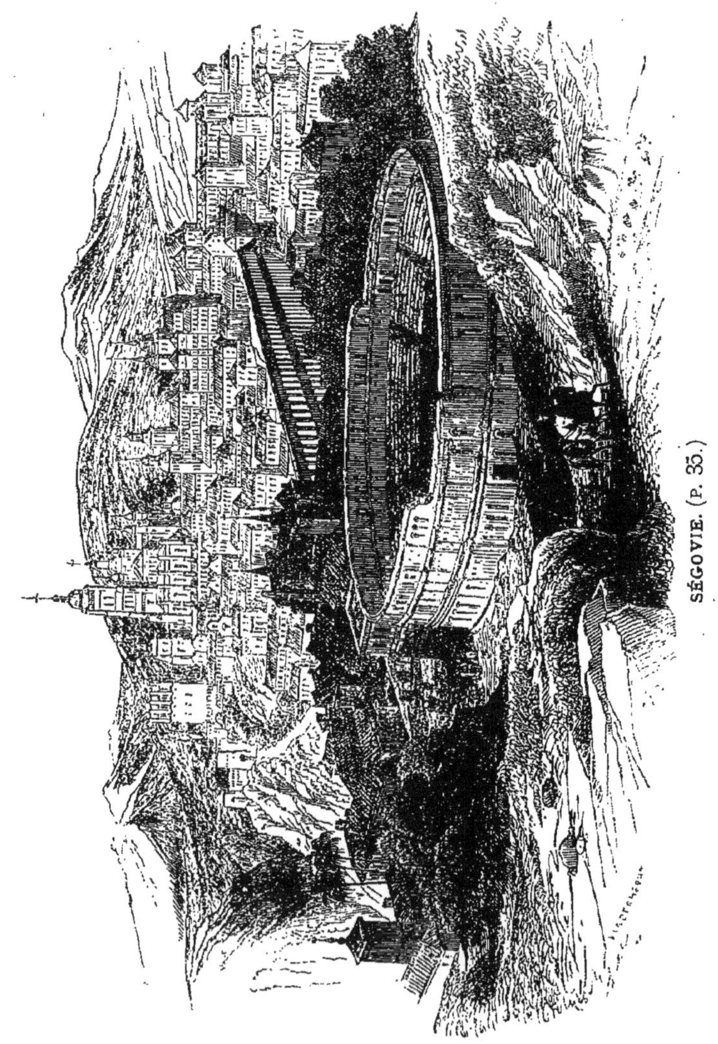

SÉGOVIE. (P. 35.)

me bien mettre en tête et au cœur le désir de la vaillance qui surpasse toutes les autres, celle d'être, comme lui, un vrai saint du bon Dieu.

La prière devait avoir, le jour même, son efficacité; elle nous procura un peu de patience dans un fait banal, mais bien propre à agacer les gens pressés.

A une heure, nous étions en gare, prêts à prendre le train qui devait nous emporter aux pieds de sainte Thérèse à Avila : mais à Burgos comme à Saint-Sébastien, l'homme propose et l'Espagnol dispose!... Représentez-vous une bande de voyageurs ayant hâte de fuir Burgos, et le froid, et la neige; une journée leur a amplement suffi pour épuiser les réserves d'admiration que mérite la Cathédrale, les curiosités de San Gil, Santa Agueda, San Nicolas, de l'Hôtel de Ville, de l'Arco Santa-Maria, des bords de l'Arlanzon qu'il faudrait voir encadré de verdure, non de glaçons. Les voitures ont déposé à la gare tous ces paquets frileux, trente à quarante minutes avant l'heure du train; chacun se précipite vers les guichets pour prendre le ticket et faire viser la feuille de route... Vainement! tout est fermé; pas un employé dans les salles! Évidemment, c'est trop tôt : il faut, bon gré, mal gré, attendre l'heure!...

Mais elle est venue, l'heure, elle est même passée, et nul ne paraît; pas le plus petit bout d'employé en gare, sur la voie ou aux alentours. Oh! Espagne, c'est là un de tes traits, un de tes tours!... On carillonne aux guichets; on clame le chef de gare; on menace de noircir de plaintes les pages du Registre d'observations;... autant en emporte le vent. Ah! le vent! il est d'un *frio* pénétrant; il est présent partout, lui; il ouvre les portes et les fait claquer; il fait sa randonnée dans les petits coins, sifflant ou mugissant selon les endroits; il trouve à se fourrer dans les manteaux et prend un plaisir féroce à rougir nez et oreilles, à blêmir les figures, il porte avec lui partout les fraîcheurs de toutes les montagnes de la Navarre; bref, il fait rager les dames aussi bien que les messieurs, engourdit les stationnaires, taquine les fatigués assis sur les banquettes de bois, les déloge, les force à marcher, à constater que l'asphalte du trottoir est d'un froid trop communicatif, que le train ne vient toujours pas,... ni le chef de gare non plus...

Après deux heures de ce manège, un employé, bâton de craie en main, écrit sur le tableau de la voie le mot fatal : *Retardo por servicio* — Retard pour raison de service.

— « Pourquoi?... qu'y a-t-il?... » Inutile d'insister; le brave homme ne comprend pas un mot de français, et nous, assez ignares pour ne pouvoir convenablement l'interroger en sa langue : nous ne saurons rien, par lui, du moins.

— « Combien de retard? combien?... »

Ces syllabes, répétées par cinquante voix, résonnent froidement à son oreille; il écoute, regarde, hausse les épaules, et... s'en va.

Nous voudrions bien tous en faire autant, partir aussi; nous sommes las de l'attente, de la neige qui tombe silencieuse, sans se

PALAIS ROYAL DE SÉGOVIE. (P. 35.)

douter qu'elle ajoute à notre peine : Avril, neige, Espagne! ces trois mots chantent dans la tête un air inattendu en ce moment. Si encore le chef paraissait, on pourrait décharger sur lui sa bile; mais, comme le train, il s'obstine à faire grève.

Est-ce l'impatience qui augmente la sensation du froid, ou le froid qui accroît l'impatience? Eclaircisse le problème qui voudra!...

Vers cinq heures, un monsieur qu'aucun insigne extérieur ne révèle pour le *Jefe de la estacion,* vient consulter l'horizon; il échange, en espagnol, quelques mots avec un employé, puis rentre s'asseoir confortablement dans son cabinet, devant un feu qui excite notre envie. Ah! cette fois, le voilà, c'est bien lui, le Chef tant désiré, nous allons au moins savoir quelque chose; et, sans trêve ni répit, dix, vingt voyageurs l'un après l'autre, le relancent, demandant ce que signifie ce retard.

— « Rencontre de trains à Alsasua; — Voie encombrée; on travaille à dégager. — Quand sera-t-elle libre?... »

— « Mais usez donc du télégraphe; interrogez : dans l'espace de trois heures, il peut y avoir du nouveau. »

— « Y a-t-il des morts? » hasarde une dame d'une voix mal assurée, craignant presque la réponse.

— « Non, des blessés seulement. »

Après un temps de silence : « Le train sur Madrid par Avila est supprimé! »

Concert de protestations où nous faisons notre partie. A quoi bon?... le Chef a dit tout ce qu'il avait à dire, abandonne feu, télégraphe et cabinet, et vient, impassible, se promener parmi les frileux.

— « Mais, Monsieur le Chef de Gare, on gèle à Burgos, particulièrement chez vous. Ce n'est pas drôle de croquer le marmot pendant des heures sous ce froid de loup; faites au moins allumer dans une salle; vous avez du charbon, je suppose? »

— « Il faisait chaud la semaine dernière!... vous pouvez aller dans mon bureau! »

L'éclat de rire qui suivit cette réponse inattendue désarma les plaintes; la nouvelle circula rapidement : « Vous ne savez pas pourquoi il n'y a pas la moindre étincelle de feu hors le Cabinet du Chef? »

— « Non! »

— « Voyons, un lapin blanc à qui devinera! »

— « Le charbon manque? »

— « Non! ce sont les allumettes qui ratent. »

— « Vous n'y êtes pas; je vous le donnerais en cent que vous n'y seriez pas davantage : *Il faisait chaud à Burgos la semaine dernière!...* Hein! qu'en dites-vous? La réponse est-elle assez monumentale? »

Ce fut un bon moment où la gaieté française reprit ses droits. On signale le Sud-Express, attendu depuis six heures ce matin. « Cinq places à prendre, moyennant un supplément de 50 °/° ! »

CATHÉDRALE DE SÉGOVIE. (P. 36.)

Le train arrive; les cinq privilégiés courent, s'installent comme ils peuvent; d'autres montent à l'assaut,... peine perdue; on les débarque et il faut reprendre le froid, l'ennui aggravés par la nuit qui tombe, par la neige qui persiste, par l'énervement de l'attente, pendant que Chef et Employés, à leur poste depuis le passage du « Rapide », assistent imperturbables à nos trépignements.

Enfin! enfin! à sept heures trente, un Express nous reçoit; cinq ou six corpulences sont déjà en excédent, dit-on; on n'écoute rien, on monte toujours, on se bouscule, on s'entasse... A coup sûr, le confortable manquera dans cette course vers Madrid! Qu'importe?... le plus pénible, c'est d'abandonner la visite à la grande Sainte d'Avila; c'est de ne pouvoir saluer chez elle son génie profond et sérieux, sa vertu héroïque, son influence heureuse sur tout son siècle et au delà. Les cuisants regrets valent-ils une fervente prière? Dieu le sait!

Après une demi-heure d'inspections, de tâtonnements, de mornes réflexions devant la perspective de rester une nuit entière debout dans le couloir, exposé au va-et-vient des noctambules, on finit par découvrir un coin indûment envahi et par s'y installer, gêné, tant pis, et gêneur peut-être, tant pis encore : mon bien premièrement, et puis le mal d'autrui...; foin du sentiment charitable sur les lignes espagnoles! A l'abri du vent, de la neige et du froid, nous savourons la volupté de ne plus arpenter le trottoir de la *Estacion* de Burgos : *frio! frio!*

Morphée, le dieu du sommeil, si secourable parfois, me prend dans ses bras, et me donne gratis par intervalles une compensation bien due.

Nous sommes toujours en Vieille-Castille, côtoyant à droite l'Arlanzon pour le franchir, puis à gauche pour le couper encore; mais seul, le grincement du train sur les ponts, le roulement de tonnerre sous les tunnels, nous avertit que la montagne est partout présente, même dans les plaines de sable aride où s'étalent et se dressent : Palencia, heureusement posée au point de rencontre de vallées fertiles et de routes commerciales; Valladolid, l'antique Belad-Oualid où mourut Colomb, où vécut Cervantès et le fameux moine Torquemada, auquel les rationalistes ont fait une réputation bien usurpée; nous ne verrons pas son activité, moindre toutefois qu'au temps des Arabes; pas plus que nous ne verrons Medina del Campo, ni Ségovie qui se dresse ceinte de murailles et de tours sur une roche escarpée, abreuvée par un magnifique aqueduc romain, le plus beau monument de ce genre que les conquérants de l'Ibérie aient laissé dans la Péninsule. La ville reçoit ainsi les eaux pures de la Sierra de Guadarrama, qui nous réserve de belles altitudes avant la rencontre du Manzanarès, de sa minuscule vallée et de la grande ville qui lui donne son illustration.

Dans l'obscurité de la nuit, nous avons traversé un pays de sables et de sapins, des terres dénudées, des collines chauves qui nous eussent fait la plus triste impression, voyageant en plein jour : nous n'y échapperons pas, et, sous ce rapport, la Nouvelle-Castille, par sa monotone stérilité, n'est pas supérieure à sa sœur aînée : la Vieille-Castille.

Trois heures ! le train stoppe... C'est la jeune capitale de toutes les Espagnes, la ville de Philippe II ; nous sommes à : **Madrid**.

V.

VERS TOLÈDE.

8 et 9 avril. — Tolède. — La Cathédrale. — L'Office des Rameaux. —La Messe Mozarabe. — L'Alcazar et ses jeunes officiers. — Les ruelles de Tolède. — La foule. — Fortunat et Galeswinthe. — François de Borgia et Isabelle. — Un *gato.*

Samedi, 8 Avril.

D'APRÈS notre itinéraire, Madrid n'est aujourd'hui qu'une station sur la route de Tolède; nous n'y séjournerons pas. Mais que faire des cinq heures qui nous séparent du premier train? Nous tombons de fatigue et de sommeil; toute la nuit nous avons dû subir la compagnie de deux bavards, dont l'un nous a quittés il y a une heure à peine; notre tympan a été, par eux, mis à une rude épreuve; ajoutez à cela la fumée, vingt fois renouvelée, des cigarettes, mêlée à l'odeur des victuailles consommées, vous aurez une idée de notre lassitude physique et morale.

Aussi, en dépit des *mozzo* et des interprètes de tout genre qui vous entraînent presque par force à leurs hôtels respectifs, nous prenons crânement le parti de reposer dans une salle d'attente; mais que de marches et de contremarches, que de demandes incomprises, que de quiproquos comiques avec les employés, avec les gendarmes même, avant la découverte de la *Sala de Espera*, — la Salle d'Attente, — où nous avaient devancés quelques voyageurs. Le silence, le confort des canapés, la douceur de l'atmosphère permettent d'achever, sous de meilleures impressions, cette première partie de notre pérégrination.

Au petit jour, en allant humer l'air matinal, il m'est agréable de constater la disparition de la neige : elle n'est pas tombée à Madrid, le sol est sec et propre, les hauts et immenses globes de lumière éclairent encore les grandes places de la cité royale qui s'annonce éblouissante de clarté, de luxe et de propreté.

L'air est frais et pur, le firmament sans nuages, l'aube de plus en plus blanchissante présage le soleil. Si l'astre du jour se met de la partie, nous allons enfin découvrir l'Espagne!

A huit heures, l'omnibus nous dépose à la gare d'Atocha, après une promenade à travers les plus beaux quartiers de la ville.

Maintenant, nous parcourons des régions à peu près désertes où mûrissent çà et là des blés malingres, des oliviers au feuillage cendré. Sur les talus, de hauts chardons croissent pour le bonheur des... *borricos*.

Voici le Tage, rivière profonde, mais sans largeur; il roule mollement ses eaux verdâtres dans une plaine surprise de cette faveur et qui, du reste, n'en profite guère. Par endroits, cependant, quelques champs de fèves, puis d'immenses étendues de vignes, et enfin des cultures de céréales annonçant l'approche d'une cité vivante. Bientôt, au-dessus des lignes de verdure qui barrent l'horizon, un monument grandiose détache ses tons dorés sur les cimes violettes des montagnes; sans nul doute, c'est l'Alcazar de Charles-Quint: dans quelques instants, nous verrons la cité idéale, fameuse dans l'histoire, la Ciudad Imperial, la mère des villes, celle que Juan de Padilla, le plus illustre de ses enfants, appelait « la couronne de l'Espagne et la lumière du monde! »

Le fleuve s'élargit; son lit se creuse encore; ses eaux tumultueuses — elles descendent de tous les sillons des montagnes — arrivent en flots d'écume jusqu'aux portes de la ville qu'elles entourent comme une ceinture de défense. Le nom de *Toledo* sonne enfin à l'oreille impatiente; deux minutes encore et nous saluerons la très noble, très loyale, l'impériale Tolède.

Peu de villes ont des origines aussi anciennes et aussi intéressantes. Construite depuis longtemps, dit la légende locale, lorsque Hercule y passa pour aller fonder Ségovie, elle eut pour rois toute une dynastie de héros et de demi-dieux.

A l'époque romaine, Tolède devint le carrefour des grandes routes, la place d'armes principale de l'Espagne et le trésor général où venaient s'entasser les produits des mines, avant d'être expédiés en Italie. Quand elle fut détachée de Rome, l'Espagne, libre de chercher son milieu naturel, le trouva dans l'ancienne « Tolaitola » des Maures.

De nombreux Conciles formèrent peu à peu, par leurs décisions et règlements, ce tempérament chrétien de trempe solide, résistant aux infiltrations hérétiques aussi bien qu'aux pressions, ou mieux, aux oppressions de l'Islam. Les rois visigoths s'y établirent, et, pendant deux cents ans, elle fut la capitale religieuse et politique du royaume. Lorsque, par une trahison des Juifs qui ouvrirent aux Musulmans les portes de la ville, l'an 715, à l'heure où les chrétiens célébraient dans les églises la fête des Rameaux, cette « citadelle de l'Espagne » fut tombée au pouvoir des Maures, tout le reste du pays jusqu'aux Pyrénées et aux montagnes des Asturies eut bientôt succombé.

En revanche, dès que les Maures furent expulsés de Cordoue, l'Espagne reprit son centre de gravité au sud de la Sierra de Guadarrama.

Par le caprice d'un roi fantasque, Madrid a supplanté la *Cité antique,* élevée sur un promontoire de rochers, cerclée d'une ligne de remparts et des eaux d'un fleuve qui font sa sécurité; place forte par la nature et par l'art, elle doit céder le pas à d'opulentes rivales qui n'ont, ni sa situation, ni son passé, ni ses gloires. Elle reste riche de ses souvenirs, de ses palais, débris magnifiques des grandeurs déchues, avec le prestige de son ancienne puissance et le titre de « ville primatiale des Espagnes ».

Est-il étonnant après cela que les yeux fouillent à droite et à gauche, sans perdre un instant? même pendant que la voiture nous emporte au bon trot de ses mules, nous cherchons à découvrir quelque chose de cette ville extraordinaire.

D'abord, nous longeons un agréable Jardin public, le « Paseo de las Rosas » — la promenade des roses — prête à justifier son nom dans quelques jours, — les boutons demi-éclos l'annoncent; — puis, nous traversons le Tage sur le vieux pont d'Alcantara et, montant toujours, nous gagnons vite la place du Zocodover et, à quelques pas, l'Hôtel Impérial.

Le premier moment libre de l'après-midi est consacré à la visite de la Cathédrale, du style gothique le plus pur, bien que la construction commencée en 1229 ait duré plus de deux cents ans.

L'extérieur n'a rien de la beauté allègre de celle de Burgos ornée d'arabesques, de statues, des mille délicatesses du treizième siècle; ici, c'est surtout la solidité et la robustesse; mais il en va tout autrement de l'intérieur. La grandeur des cinq nefs, la multitude des piliers, la hauteur prodigieuse de la centrale, la riche ornementation des chapelles, les sept cent cinquante fenêtres aux vitraux étincelants, le retable de la *Capilla mayor* avec ses cinq étages de colonnettes, niches, statues, rinceaux, etc.; les trois rangs de stalles de la *Silleria,* merveilleusement sculptées, ajourées, portant des bas-reliefs allégoriques, historiques ou religieux, produisent une impression écrasante si l'on observe la perfection des détails, la variété des compositions, l'heureuse alliance des marbres, des bronzes, de l'albâtre et des bois précieux.

C'est dans ce magnifique monument que nous avions résolu d'assister le lendemain à la cérémonie des Rameaux; à neuf heures, en effet, nous étions sous le transept, près des grilles qui ferment le passage réservé entre le maître-autel et le chœur.

Son Eminence le Cardinal Aguirre, primat de l'Eglise d'Espagne,

TOLÈDE. (P. 39).

officie, entouré de prélats en crosse et en mitre, accompagnés ou suivis d'une armée de chanoines, servis par une multitude de choristes et de chantres, de suisses et de bedeaux. La somptuosité des vêtements épiscopaux et sacerdotaux, des habits de chœur de toutes les catégories, forme le spectacle le plus imposant et le plus agréable.

La hiérarchie est là tout entière, en un ordre dicté par les fonctions, en une harmonie représentative du mystère célébré qui exige l'immobilité complète pendant les chants, ou des déplacements du chœur à l'autel et de l'autel au chœur; l'espace qui les sépare est tel que ces mouvements constituent autant de processions.

Dans le chatoiement superbe des ors et des soies sur les manteaux, les chapes, les dalmatiques, une seule chose détonne : la houppe verte ou rouge qui termine les barrettes noires des chanoines, mais, c'est la note espagnole; il faut s'attendre à de tels goûts dans les pays du soleil. — D'autre part, les *maceros*, l'épaule chargée de leur masse d'argent, les lanterniers, les crucigères mettent un sérieux si convenable dans leur activité, qu'ils méritent tous les éloges de ceux qui aiment à voir bien accomplir les rites sacrés.

Les chants de ce jour, si expressifs en eux-mêmes, sont exécutés par un chœur d'hommes nombreux, dociles aux directions de la baguette du Maître. Quand est venu le moment de chanter le Récit de la Passion, trois prêtres montent aux ambons, très élevés, à l'entrée du sanctuaire et donnent aux assistants l'émotion que provoque toujours l'opposition nettement marquée entre le ton et l'allure de l'historien, le ton et l'allure des voix du peuple, aiguës, emportées, violentes, et la gravité calme, triste, de la voix du Christ. Le prêtre qui interprète Notre-Seigneur a une voix de basse profonde, mais nette, ample, d'un accent tel qu'on se sent remué à fond par l'audition de ce drame liturgique.

Pourquoi le clergé et la municipalité reçoivent-ils seuls les palmes bénites — de vraies géantes, plus de deux mètres de haut — et pourquoi participent-ils seuls à la procession?... Notre coutume française d'y convoquer tout le peuple imite mieux l'entrée triomphale du Sauveur à Jérusalem.

Ce que je désapprouve hautement, c'est le désordre qui suivit : à peine le célébrant a-t-il quitté le sanctuaire qu'une bande de gamins, à l'air de parfaits voyous, se précipitent, s'accrochent aux grilles de proportions colossales que l'on vient heureusement de fermer, et en se bousculant, se battant, grimpant sur les épaules des camarades, arrachent les branches d'olivier que deux chanoines, à l'air paterne, leur distribuent à poignées au travers des barreaux argentés. Les cris ne cessent qu'avec le dernier rameau bénit; les garnements emportent leur paquet et s'enfuient de l'église. Qu'ont-ils fait de leur conquête?... Ont-ils trafiqué et essayé de gagner quelques sous?... L'ont-ils placée dans leur taudis pour se protéger contre la foudre et les mauvais sorts?... Peut-être!... Le soir et les jours suivants, nous vîmes, en effet, quantité de palmes attachées aux balcons; quelques-unes, — celles de l'Archevêque et de l'Alcade — soigneusement tressées et enrubannées, ce qui, à mon avis, est loin d'ajouter à leur beauté.

Avant cet office, j'avais eu à cœur d'assister à une Messe Mozarabe; il y a deux églises de ce rit à Tolède: *Santas Justo y Rufina* et *San Marcos*. Mais dans la Cathédrale même, il existe une Chapelle réservée à cette liturgie: l'occasion était bonne pour contrôler les différences

FAÇADE DE LA CATHÉDRALE DE TOLÈDE. (P. 40.)

avec le rit romain, et saluer saint Isidore, le créateur, et l'illustre cardinal Ximénès, le restaurateur du rit chrétien primitif.

Son premier titre à ma curiosité, c'est son nom: il reporte à l'époque lointaine de l'invasion Musulmane et signifie *mêlé aux Arabes*. C'est la liturgie romano-espagnole, colligée par le savant docteur saint Isidore de Séville, dans les dernières années d'une vie féconde, laborieuse à l'extrême. Pendant deux ans, Tolède assiégée avait résisté aux Maures; ceux-ci s'en emparèrent et laissèrent plusieurs églises pour les chrétiens qui consentaient à vivre parmi eux. Quatre siècles durant, les fidèles Tolédans souffrirent les persécutions et les outrages du vainqueur, mais conservèrent leur religion et leur rit propre. Quand, en 1085, après la reconquête, le légat du pape, soutenu par le pouvoir, voulut faire abandonner l'office mozarabe pour le grégorien, le clergé s'insurgea, le peuple poussa les hauts cris, réclamant à tout prix la liturgie de Léandre et d'Isidore. Devant l'exaltation des esprits, ne sachant trop comment calmer l'indignation générale, le roi décida de porter la cause en combat singulier; la proposition fut acceptée avec enthousiasme. Deux champions, bons lutteurs, soutinrent, à la pointe de leur épée, la prépondérance de leur liturgie respective. Oh! que ce petit trait de mœurs peint bien une époque!... L'épée mozarabe fut victorieuse; le jugement de Dieu était favorable aux Tolédans qui exultaient.

Le roi et la reine, contrariés de cet échec, eurent un remords d'avoir fait résoudre par le sang une question théologique; « un miracle seul, dirent-ils, peut décider une chose de cette importance! » On recommença l'épreuve sur de nouvelles bases : un bûcher, dressé sur la place du Zocodover, devait consumer le missel rejeté de Dieu. De nouveau, le mozarabe fut vainqueur; il sortit des flammes sans éprouver aucun dommage; le jugement fut décisif. Voilà comment on suit encore aujourd'hui dans cette ville la vieille liturgie du temps des Wisigoths.

Le Cardinal Ximénès de Cisneros, l'un des grands hommes d'Etat de la Péninsule, voyant que l'intelligence du texte, objet de si vives contestations, n'était plus comprise; que presque personne ne savait déchiffrer les caractères du septième siècle, fit traduire et imprimer en lettres ordinaires les vieux manuscrits et institua un Chapitre de prêtres chargés de perpétuer un usage si mémorable.

Escortés de ces souvenirs, nous entrons dans la chapelle ornée de fresques d'une conservation parfaite; on les dirait peintes d'hier, tant la coloration est vive : vaisseaux débarquant les Arabes; batailles entre Espagnols et Maures; aspect de la vieille Tolède; toutes ces toiles fourniraient un ample sujet d'études. En ce moment, un prêtre célèbre la Messe, assisté d'un autre ecclésiastique, comme en France on le fait aux Evêques; un bougeoir d'or est à côté du Missel, — droit épiscopal encore. — Au reste, la principale différence consiste dans les formules de prières : leur longueur, leur poésie rappellent la liturgie grecque si riche en images, si abondante en développements oratoires de la plus grande beauté. Pour les attentifs et les informés, notons que le célébrant ne se tourne jamais pour saluer le peuple... Son

Ite Missa est devient *Solemnia completa sunt*. Une oraison analogue au *Memento* énumère une cinquantaine de saints Evêques, dont un bon nombre de Tolède. De plus, avant la Communion, le Prêtre divise l'Hostie consacrée en neuf parts symbolisant neuf mystères de la vie du Christ; je ne signalerai pas d'autres petites particularités peu perceptibles sans une attention soutenue et une connaissance exacte de la liturgie romaine.

CARDINAL XIMÉNÈS. (P. 41.)

A l'extrémité de la Chapelle, des stalles de chêne sculpté sont réservées pour l'Office Canonial.

Vingt autres Chapelles s'enroulent autour de la basilique et ajoutent à sa richesse par le luxe de leur décoration; les murs de celle de la Vierge disparaissent sous un revêtement de porphyre et de jaspe. A la Descension, un peu plus bas, un tableau attire tous les regards : c'est l'apparition de la sainte Vierge à saint Ildefonse. Un matin, avant l'heure usuelle, le grand archevêque entend des chants dans sa cathédrale, il accourt; quelle n'est pas son émotion de voir la Mère de Dieu assise sur un trône, vêtue d'une chasuble plus blanche que la neige, en *toile du ciel*, dit la chronique, et d'entendre les anges chanter l'office composé par lui. Marie le fait approcher et lui remet la merveilleuse chasuble, gage de sa protection maternelle. Murillo a reproduit cette scène sur la toile que nous admirons, mais qui est gravée en traits plus indélébiles dans l'âme de tout Espagnol, à en juger par la piété avec laquelle tous, prêtres et fidèles, vénèrent la pierre blanchâtre sur laquelle la Vierge posa le pied. A travers les barreaux qui l'enserrent, ils la touchent du bout de leurs doigts et les baisent respectueusement.

Une autre magnificence de la cathédrale, c'est son trésor; il est conservé dans une petite salle à droite de la sacristie : on y voit, entre autres choses, la monstrance de vermeil, haute de trois mètres, exécutée pour le cardinal Ximénès, dont la custode constellée de diamants fut faite du premier lingot d'or rapporté par Colomb; l'éblouissante robe de la Vierge del Sacrario, entièrement recouverte de perles fines et de diamants, et qui, à elle seule, vaut plusieurs millions de francs. Deux chanoines, à l'air grave, en ont la garde.

Dans la galerie supérieure du cloître, au Nord de l'édifice, la bibliothèque du Chapitre renferme une foule de manuscrits anciens du huitième au seizième siècle : ce serait un vrai régal de fouiller ces vénérables parchemins, mais force nous est de réserver notre admiration pour la Tolède d'aujourd'hui, digne aussi d'être examinée minutieusement comme on ferait d'un vieux bouquin à enluminures.

Par un soleil radieux, agréable après les neiges de Burgos, nous nous acheminons vers l'Alcazar, superbe édifice bâti sur une vaste esplanade aux remparts crénelés, du haut desquels on découvre une vue immense, un panorama magique. Autour de la cour d'honneur, une galerie à double étage d'arcades à plein cintre forme un beau décor au monument de Pompo Leoni : *Charles-Quint, vainqueur du bey de Tunis.*

Oh! les charmants petits troupiers rencontrés là!... Ils sont un millier dont le costume, la tenue, la belle mine, l'animation, les exercices militaires après les travaux d'étude, jettent une note de vie intense dans la paisible cité, une clarté d'avenir au milieu de ces ruines du passé, qui, si glorieux qu'il soit, n'en est pas moins le passé. Il faut les voir marcher d'un pas frappé, décidé, dans les cours de leur : « *Academia de Infanteria* » ou parmi les ruelles moyenâgeuses, traverser la place du Zocodover, toujours encombrée de flâneurs et de hâbleurs; il faut lire la fierté des Tolédans et dans leurs yeux, et dans leurs réflexions, pendant qu'ils s'empressent de se ranger, pour saisir au vif le caractère guerrier de l'Espagnol.

Déjà ce matin nous avions constaté leur belle tenue, leur excellente discipline, leur joyeux entrain, quand, à sept heures, musique en tête, toute l'Ecole en armes allait en campagne, à une lieue de Tolède, assister à un service funèbre célébré pour un de leurs camarades mort tragiquement l'année précédente. Nous les avons revus à la Cathédrale, nous les reverrons dans les églises, les jours de fête, d'un bout à l'autre de l'Espagne; là-bas, il n'y a point de délateurs

TOLÈDE. — PUERTA DEL SOL (P. 48.)

pour signaler à la maçonnerie les officiers et les soldats qui remplissent leurs devoirs religieux : enviable liberté!

Ainsi des prêtres, nombreux dans cette ville. Drapés majestueusement dans leurs larges manteaux pendant cette journée pourtant chaude, — les Espagnols de tout rang en font autant, ce sont des méridionaux frileux — nous les voyons partout mêlés aux foules, sur les places, dans les rues les plus fréquentées, aux promenades et jardins publics à la mode, accueillis, recherchés avec un empressement, une sympathie qui témoignent de leur popularité; le rationalisme n'a pas encore creusé d'abîme entre le peuple et le clergé.

Dans la jouissance de cette après-midi printanière, nous descendons à pas lents une rue suivie par de nombreux promeneurs; elle nous mène sur une sorte de terrasse d'où l'on découvre la magnifique Véga plantée d'arbres et couverte de cultures; à nos pieds, les toits rougeâtres des maisons et les clochers des églises et des couvents, avec leurs carreaux de faïence semblables à des damiers. Quelques pas encore, et nous voilà devant un chef-d'œuvre : la *Puerta del Sol*, joyau de l'architecture arabe; deux tours l'enveloppent et laissent passer l'ancienne route sous un arc évasé, aux piliers de granit, chamarrés de versets de l'*Al Coran*. Les caresses séculaires du soleil d'Espagne l'ont roussie et dorée, et cette violence de couleur tout à fait à part lutte avec le bleu profond et la limpidité du ciel.

Au delà du faubourg, tout près du pont Saint-Martin, est le couvent en ruines de San Juan de los Reyes dont l'église et le cloître sont ornés d'une profusion inouïe de sculptures en relief; c'est un spécimen de l'art gothique dans toute sa pureté; partout ailleurs qu'à Tolède, ce monument provoquerait l'enthousiasme, mais ses beautés pâlissent devant la cathédrale vers laquelle on se reporte toujours.

Nous arrivons au Paseo et Jardin de Madrid. Des gens de tout âge, de toute condition remplissent les allées, essaiment dans les bosquets, rient au renouveau; des groupes de jeunes ecclésiastiques, la cigarette aux lèvres, se promènent, n'attirant l'attention de personne autre que ceux auxquels ils se mêlent parfois : ni gênants, ni gênés, prenant simplement au milieu de tous leur part du soleil du bon Dieu. Pour l'œuvre de civilisation chrétienne, c'est une force que la considération dont jouit le clergé, mais c'est aussi une force pour le peuple qui trouve en lui conseil et protection. Dieu veuille que l'Espagne marche toujours dans cette voie et qu'elle ne suive pas l'exemple de sa folle voisine!

Sur le talus du jardin, devant la grande plaine du Tage, de jeunes pensionnaires prennent leurs ébats; leur animation, leur bonne humeur, leurs jeux enfantins amusent les passants; — l'enfance est toujours aimable! — Arrêtés comme tant d'autres, nous en profitons pour examiner le paysage; hélas! il est bien uniforme, aucune culture n'en varie l'aspect : une terre rougeâtre semée de brins d'herbe, se déroulant à l'infini.

Mais qu'est-ce que ce groupe compact là-bas au loin?... Mes jumelles ne me renseignent que vaguement : une société de tir?..., ou des militaires en manœuvre? Je crois entendre leur fusillade!... Le mouvement se rapproche et ce que la distance me faisait prendre —

oh! bien timidement — pour des soldats, — devient tout bonnement... devinez?... des troupeaux de chèvres!... Ces gentilles bêtes accourent,

TOLÈDE. — LE PALAIS ROYAL. (P. 51.)

multipliant leurs gaies cabrioles; les voilà : au son bien connu de la cornemuse, elles entourent un grand bassin et s'y abreuvent à longs traits, puis, la bande se disloque, chacun reprend le chemin de l'étable et la prairie redevient immobile et silencieuse.

Une heure de promenade suffit pour réserver au voyageur de nouvelles surprises : je sais telles vieilles petites ruelles visigothes ou arabes bien supérieures aux grandes artères de nos capitales pour ces sortes d'émotions.

Nous entrons dans l'ancien quartier de la *juderia :* « Tenez, me dit le guide, voici la demeure de Samuel Lévy, l'argentier de Pierre le Cruel; voulez-vous voir? » et il frappe. Une fillette ouvre et nous nous trouvons dans une cour mal pavée, la plus vulgaire, la plus banale qu'on puisse imaginer; au fond une bâtisse insignifiante; c'est la synagogue, vrai bijou, aux murs revêtus de stuc, ornés d'une large frise portant les armes de Castille et de Léon; devenue mosquée avec les Arabes, église avec les chrétiens sous le vocable de « Nuestra Señora del Transito », les arcs mauresques, les versets du Coran, les plafonds en bois de mélèze lui donnent un caractère si tranché qu'il éveille le souvenir des siècles lointains.

Une autre synagogue, plus vaste que la première, plus ancienne aussi — elle daterait de Zorobabel — ne le cède en rien à sa sœur cadette pour la magnificence : à l'extérieur, c'est la même pauvreté, le même délabrement: au dedans, c'est un éblouissement! les Juifs gardaient pour l'intérieur toutes les ressources de leur génie. Ils avaient lu dans leurs psaumes : *Omnis gloria ab intus*, et l'appliquaient à leur manière. L'édifice est à cinq nefs, les piliers octogones surmontés de chapiteaux, style byzantin, supportent une succession d'arceaux travaillés comme une fine dentelle.

Vers l'année 1408, à l'époque où les Maures et les Juifs étalaient leur morgue et multipliaient leurs oppressions, saint Vincent Ferrier vint à Tolède; son but était d'attaquer de front ce boulevard des mécréants; pour cela, il fallait lutter contre la terreur qu'inspiraient les vainqueurs, et rendre aux chrétiens méprisés et maltraités la sainte liberté des enfants de Dieu. Or, un jour, prêchant dans un faubourg de la ville devant une foule immense, le saint s'écria : « Est-il possible que vous supportiez de tels monuments de perfidie sur une terre consacrée à la Mère de Dieu? allons à la Synagogue et qu'elle devienne le plus beau sanctuaire de Marie! » Il part, le crucifix en main; le peuple le suit... Frappés de stupeur, les Juifs assistent sans protester à la prise de possession de leur temple, la plupart se convertissent et reviennent adorer Celui que leurs pères avaient crucifié. Depuis ce jour, le monument transformé en église est *Santa Mariá la Blanca* à cause des pierres blanches dont elle est bâtie.

La chapelle du couvent des Franciscains, de proportions grandioses, est si belle en elle-même qu'on en regrette l'abandon. Combien de villes en France se glorifieraient à bon droit de l'avoir pour cathédrale !

Et la Casa de Cervantès ! Quelle tristesse de la voir convertie en auberge, hospitalière seulement aux ânes et aux âniers, aux mules et aux muletiers : ses grands balcons de bois, portés sur des colonnes, ne manquent pas de pittoresque, mais là-dessous, le crottin est abondant ; les ânes sont, je le crains, de l'espèce des ignorants qui ont bien peu fréquenté l'école obligatoire, et partant, n'ont qu'un souci médiocre de l'immortel auteur de *Don Quichotte*. Dans un coin, des rossinantes braient moins fort, mais sont tout aussi irrévérencieuses pour qui les abrite.

Le Tage entoure les deux tiers de la ville et en fait presque une île ; aux deux extrémités Est et Ouest, deux ponts enjambent le torrent, le pont Saint-Martin et le pont d'Alcantara à peu près du même âge et défendus par deux tours imposantes, aux armoiries impériales ; des entassements de roches dénudées, de blocs crevassés, donnent un aspect sauvage à ces hauteurs ; mais au coucher du soleil, le fleuve vous ménage des traînées de lumière, dont les couleurs changeantes, les flamboiements, sont la joie des yeux et tranchent complètement avec les tons sombres des rochers, les lignes architecturales et les formes nettement découpées sur le ciel d'azur de tout ce qui fut, de tout ce qui reste Tolède.

Tout près du fleuve, vers la Puerta del Cambron, les rois Wisigoths avaient leur palais, longtemps un des quatre Alcazars de la fière cité. Dans la paix et la lumière de cette soirée dominicale, appuyé sur un rempart, le regard fixé sur ces ruines séculaires, une page de notre histoire me revient tout à coup à l'esprit : Athanagild, chef des Goths, ayant vaincu Agila, était reconnu souverain et acclamé par le peuple avec enthousiasme ; il entra en triomphateur à Tolède qu'il choisit pour capitale, avec sa femme Goïswinthe et ses deux filles Brunchaut et Galeswinthe ; c'était en l'an 554. La renommée du guerrier s'étendit au loin et bientôt Brunchaut devenait l'épouse du roi d'Austrasie Sigebert. Chilpéric, à son tour, voulut contracter une alliance royale et demanda la main de Galeswinthe. Le roi wisigoth, qui n'ignorait point ses débauches, imposait à bon droit des conditions qui rendirent longues et difficiles les négociations de ce mariage, la princesse n'ayant point caché ses répugnances toujours croissantes.

A la nouvelle de son prochain départ, elle tombe presque évanouie dans les bras de sa mère !... Venance Fortunat, poète des temps Mérovingiens, a raconté ce douloureux exode en des vers dignes de son sujet : « Goïswinthe, dit-il, retient longuement sa fille entre ses bras ;

elle l'étreint de ses caresses maternelles : « Oh! vous quitter, mère » chérie, répète l'enfant, dire adieu à ma Tolède bien-aimée, ja» mais!... » Et les pleurs de la douce créature coulent abondantes sur ses joues. La reine unit ses larmes et ses regrets à ceux de son enfant : « Où reverrai-je désormais ma fille? Qui l'aimera? Qui » embrassera comme moi cette tête chérie? Ah! où tu vas, tu n'auras » plus de mère!... » Témoins de ses lamentations, les grands de la cour, les familiers, le palais, la ville, tous sont attendris; à entendre leurs gémissements on croirait que le sol même de la patrie est emmené captif.

Le signal du départ est donné : sur le pont, le *pilentum* — *voiture de cérémonie* — attend la pauvre éplorée qui se retourne encore vers la cité royale : « Pays adoré, dit-elle, pourquoi m'éloigner de toi? Il m'eût été si doux de mourir dans tes murs!... » Goïswinthe accompagne sa fille hors de la ville avec une nombreuse escorte de nobles wisigoths; elle la suit d'étape en étape jusqu'au pied des montagnes, exhalant les plaintes de son cœur brisé. Et toujours les mêmes préoccupations, le même désespoir : « Donne-moi de tes nouvelles, ô ma fille!... Là où tu vas, tu n'auras plus de mère!... » Dans ces expressions sans cesse répétées, on sent et l'adieu de la reine et la recommandation de la mère; c'est une des beautés du poème de notre aimable Fortunat.

Hélas! ce poème est un chant funèbre: la mère en avait eu le pressentiment: « J'ai peur pour toi, répétait-elle sans cesse, ô ma Galeswinthe, prends garde, prends bien garde! » On se sépare après de nouvelles et douloureuses étreintes; la noblesse Tolédane rentre silencieuse et morne au palais wisigoth pendant que l'ambassade franque emmène la jeune fiancée dans sa nouvelle patrie. « Je l'ai vue, écrit le poète, cette gracieuse jeune fille, aux traits voilés par la tristesse; à son abondante chevelure noire, à l'éclat de ses yeux, à cette grâce faite de vivacité, d'ardeur contenues, on reconnaît l'Espagnole de Tolède! Je l'ai vue entrer à Poitiers, précédée d'une longue file de chariots, escortée par un groupe de cavaliers superbement montés, elle était assise sur un char en forme de tour, étincelant de lames d'argent, traîné par quatre mules; on eût dit une reine sur son trône! » Elle franchit la Vienne, passe la Loire, et arrive à l'embouchure de la Seine; partout on la fête, Rouen la porte en triomphe; elle est solennellement couronnée reine de Neustrie... Hélas! Frédegonde, le vice incarné, ne tarde pas à reprendre son ascendant sur Chilpéric; une nuit, on trouva l'infortunée Galeswinthe étranglée dans son lit!...

Et je songeais à cette âme si tendre, à cette destinée si tragique, à ce cortège traversant le Tage, sur ce même pont de San Martin, là, devant nous, et qui passa aussi au pays Poitevin où demeurait saint Fortunat à qui nous devons ce récit; puis la pensée s'élargissait, je me rappelais le rôle de Tolède dans la vie, dans les mœurs, dans le tempérament espagnol, devenu, grâce aux Conciles qui se sont tenus dans ses murs, essentiellement catholique.

Un des charmes de cette vieille capitale, c'est de faire surgir à chaque pas une civilisation nouvelle, de garder intactes ses ruelles aux pavés pointus, ses vieilles maisons aux balcons ouvragés, à l'ombre hospitalière, ses monuments, élevés tour à tour par les Romains, maîtres de la Péninsule, les Visigoths vainqueurs des Latins, les Arabes dominateurs obstinés. Ainsi, partout l'histoire civile, militaire, religieuse, est lisible dans la cité gothique, demeurée la métropole de l'Espagne.

Chez les Tolédans eux-mêmes, tels que nous les avons vus aujourd'hui, ce qui est, tient de bien près à ce qui fut; nos modes changeantes n'ont pas encore franchi le Tage. Voyez, ce dimanche, la place du Zocodover et toutes les rues qui y aboutissent! c'est un fourmillement humain sans cesse en mouvement qui se forme, se déforme et se reforme, se croise et converge vers les mêmes points, puis déborde sous la poussée du va-et-vient. Le paysan en culottes courtes et en sandales, petit veston et gilet chamarré de boutons, chapeau large comme un parasol, — je n'ose dire comme un parapluie, on crierait à l'exagération, — cause avec le citadin paré de son manteau dont les bandes de velours vertes et rouges jettent une note éclatante et joyeuse au milieu de la foule plus sombre.

Les femmes, surtout les riches, sont vêtues de noir : la *mantilla* seule donne à leur beauté remarquable cette originalité qu'on s'attend à trouver à l'étranger : mais il n'en est pas de même des jeunes filles, surtout dans la classe populaire : leur préférence est pour les couleurs vives, et le mélange de rouge, de jaune, de bleu, de vert, d'orange est comme un semis de paillettes étincelantes, vivantes et mouvantes, qui tranchent avec les vieilles murailles de la cité, pendant que les jeunes officiers de l'Alcazar, tunique et pantalon bleus, cols, gants et manchettes, éclatants de propreté, y promènent un air martial, mais point trop moustachu, ni rébarbatif, héritage lointain du Cid.

Ainsi, sous tous ses aspects, Tolède nous est apparue comme une personnalité bien caractérisée, soit dans la pompe inoubliable des cérémonies religieuses à la cathédrale, soit dans son Ecole militaire, soit dans la profusion de ses monuments de tout âge; j'ajoute : dans son industrie qui n'a pas perdu le secret des *bonnes lames* de Tolède et des bijoux véritablement exquis, mais dont le prix est effrontément doublé, triplé, dès qu'il s'agit d'exploiter un étranger; tout, même les pavés en pointe de diamant et les ruisselets au milieu des rues nous laisse un souvenir enchanteur.

Le dîner à l'hôtel, bien préparé, bien servi, fait oublier la fatigue; volontiers la causerie se prolongerait, mais il faut songer au repos, car demain c'est le départ. Allons donc rêver aux splendeurs de Tolède.

A peine arrivés au premier étage, un incident des plus comiques vint me donner un quart d'heure de bonne humeur : la nuit précédente, dans un des corridors, un chat avait, par ses miaulements, causé de la perturbation parmi les dormeurs auxquels il avait enlevé quelques heures de bon sommeil : je m'en souvins en l'entendant recommencer son sabbat. Chercher le délinquant pour l'expulser ne me réussit pas: je descendis vers l'office dans l'espoir de rencontrer quelque domestique et lui exposer ma plainte : Voici justement un garçon de service : « Cette nuit, dis-je, un chat a fait beaucoup de bruit près des chambres, il faut absolument l'en empêcher. »

— « No comprendo, señor », répond-il avec un mouvement d'épaules, et il court chercher un camarade qui, croit-il, parle français.

Je répète à peu près ma phrase, parlant lentement, accentuant de mon mieux et accompagnant mes expressions de gestes significatifs : il écoute, répète les mots sans en saisir un seul.

Le Directeur de l'Hôtel, arrivé pendant l'explication, essaie de comprendre lui aussi : « Chat..., chat... », répète-t-il désorienté.

« — Oui, un chat, ce petit quadrupède moins gros qu'un chien; ses miaulements fatiguent les voyageurs, il doit être enfermé dans quelque chambre!... »

Toute la domesticité, — hommes et femmes — s'était rapprochée écoutant de toutes ses oreilles, croyant sans doute à quelque événement de grande importance. Cette assemblée de toute la gent de l'Hôtel, pour un motif si futile, me sembla si étrange que je me mis à rire, et de moi-même, et de mes explications, et de tout le monde : *Chat..., chien..., quadrupède...*, toutes ces étrangetés les jetaient dans la stupeur, pendant que, de mon côté, je faisais de vains efforts pour retrouver le mot espagnol par lequel on désigne un chat, mot que je connaissais de longue date.

A bout de ressources, M. Lopez fit un signe : *Llama el interprete* — appelez l'interprète. — A peine celui-ci est-il arrivé : « Comment appelez-vous un chat en Espagne? »

— « Un gâto! »

— « Ah! c'est vrai ». Et je répète mon boniment; l'interprète dénoua la difficulté, et tout le monde se sépara sur un éclat de rire.

VI.

DE TOLÈDE A CORDOUE.

10 avril. — De Tolède à Cordoue. — La Manche. Cervantès et don Quichotte. — La Sierra Morena. — Défilés et précipices. — *Despeña perros* ou le Précipite-chiens. — Le latin secourable et maltraité. — Entrée en Andalousie.

Lundi 10 Avril.

Qu'est-ce que deux jours pour étudier une ville dont chaque maison, chaque pierre a une histoire?... Mais le temps est limité, les regrets stériles, il faut partir.

Huit heures! les bonnes mules de l'hôtel reçoivent à nouveau voyageurs et bagages et d'un pas sûr et alerte redescendent la côte du Zocodover. Une dernière fois, nous passons le vieux pont d'Alcantara, témoin des joies et des gloires de la cité guerrière, témoin aussi de ses deuils et de sa décadence. Que de cortèges d'ambassadeurs et de rois il a portés! Que de foules escortant leur triomphe!... Et aujourd'hui, quelle paix, quelle mélancolie, quel abandon! Au lieu de deux cent mille habitants qui se promenaient sur ses arches au XIIIe siècle, c'est à peine s'il en voit maintenant passer vingt mille; et cela malgré son climat tempéré, le thermomètre ne variant jamais que de 0 à 30. Pourquoi ce délaissement d'une ville pourtant si glorieuse? Voici. En 1539, Charles-Quint voulant obtenir des subsides, réunit à Tolède sa noblesse des Espagnes; en son honneur, il multiplia fêtes et tournois; — je me demande comment on pouvait bien évoluer à l'aise dans ses ruelles — les réjouissances furent splendides. Mais soudain, l'impératrice mourut. Cette mort fut un coup de théâtre. L'empereur terrifié s'enfuit au monastère de la Sista cacher son deuil et ses larmes; le lendemain, par la porte et le pont d'Alcantara, là même où nous sommes, un triste cortège s'allongeait : le jeune marquis de Lombay, François de Borgia, emmenait à Grenade la dépouille mortelle d'Isabelle.

Charles-Quint était déjà mécontent de Tolède: il ne lui pardonnait point sa révolte du temps des comuneros; ce nouveau malheur la lui rendit odieuse, il n'y voulut point revenir. Son fils, Philippe II, vingt ans plus tard, essaya de nouveau d'en faire le siège de son royaume, mais, caractère peu commode, il ne put s'entendre avec les autorités : le sort de Tolède fut désormais réglé. Il aurait pu peut-être la relier à Madrid par des communications faciles et la garder comme musée, le plus beau d'Espagne; il préféra des œuvres empreintes de son esprit, et, lentement, l'impériale cité mourut. Les Français, dans le bombardement de 1808, en accélérèrent la ruine que les révolutions de ce siècle continuèrent. De là le pillage de merveilles, telles que San Juan de los Reyes, dont les murs portent encore comme trophée les fers enlevés aux chrétiens captifs à Malaga après la prise de Grenade.

Ah! si Tolède eût eu un architecte habile, un Viollet-le-Duc par exemple, qui, subventionné par une administration intelligente et opulente, eût entrepris la restauration de cette ville de souvenirs, il en eût fait un joyau incomparable, les délices et l'orgueil de l'Europe. Au lieu de cela, les palais s'écroulent, les ruines s'accumulent; seule, la cathédrale reste debout, merveilleuse de richesse et de beauté, s'obstinant à redire de Tolède l'impérissable grandeur.

Mais nous sommes à la Station; il est huit heures trente, le train va partir : déjà l'appel monotone de l'employé invitant les voyageurs à prendre leur voiture s'est fait entendre; il ne le répétera pas son sempiternel *Señores viajores en el tren!* Les billets sont visés, les *equipajes* — bagages — enregistrés; tout est en règle : partons. Le signal est donné, la lourde locomotive s'ébranle, une minute encore et Tolède disparaît. A dix heures, nous sommes à Castillejo; arrêt forcé; changement de direction... on attend le train d'Andalousie.

A onze heures trente, nous roulons vers Cordoue laissant à droite la vallée du Tage et les hauteurs qui la dominent. Il y a plaisir à voir des cultures soignées : céréales, pâturages, vignes : l'exemple des agriculteurs de ce pays, enrichis par leur travail, devrait fouetter l'insouciance de tant d'autres, mais il n'y paraît pas, il faudrait se donner trop de peine. Les oliviers forment des bois continus à perte de vue; les amandiers se pressent le long de la voie, comme pour nous tendre leurs fruits, et sont une source de bien-être. Les moutons de Huerta, tout beaux qu'ils soient, ne gonflent probablement pas dans la même proportion l'escarcelle de leurs maîtres, car, si la chair est bonne, la laine est peu appréciée. Et qu'est-ce que des centaines et même des milliers de moutons pour l'étendue de cet immense désert, coupé de petits lacs salés d'où l'on extrait la soude et... les fièvres endémiques! En voici un près de nous qui s'allonge, s'allonge...; je suis persuadé que six ou sept heures suffiraient à peine pour en faire le tour; mais toutes ces terres plates et mouillées ne donnent pas la sensation de la richesse; loin de là!

Alcazar de San Juan! C'était le centre de l'Ordre des Chevaliers de Saint-Jean; nous sommes dans la Manche, au pays de l'épopée de Cervantès, de l'illustre Don Quichotte; à quelques lieues de là, Toboso fait songer à la Dulcinée du noble hidalgo, et, un peu plus loin, une quantité de moulins sur une hauteur, la *Sierra de los Molinos*, nous rappelleront vivement le grand fait d'armes du valeureux chevalier. Quelle verve a déployée ce pauvre et immortel Cervantès pour bien montrer à sa patrie que sa chevalerie poursuivait désormais une chimère, et dépensait en pure perte de généreuses qualités, mieux employées au travail intelligent!

Lui-même était de haut lignage : de ces vieilles familles qui avaient gagné leur blason sur les champs de bataille en guerroyant contre les Maures; toutes fières de leur passé, elles ne voulaient pas s'abaisser à travailler, dût leur pauvreté, sans cesse aggravée, devenir misère. Cervantès reçut l'éducation d'un gentilhomme peu instruit, mais il avait l'étincelle et, suppléant de ses propres efforts à ce qui lui manquait, il s'essaye aux sonnets poétiques et au métier des armes, combat à Lépante et reçoit en pleine poitrine des coups d'arquebuse; sa main gauche est tellement blessée qu'il doit en subir l'amputation à Messine.

A peine guéri, il rentre en Espagne; il est fait prisonnier et conduit à Alger avec ses compagnons de vaisseau; les Pères de la Rédemption le délivrent, lui et des centaines d'autres captifs. Impropre désormais aux batailles, il vient demeurer aux portes de Tolède, cherchant à vivre de sa plume. Hélas! la faim le conduit à Séville où il végète dans le petit emploi d'approvisionneur des mariniers. C'est là, en 1605, qu'il se révèle à l'Espagne et au monde en donnant le commencement de son « *Ingénieux Chevalier Don Quichotte de la Manche* ». Les chefs-d'œuvre ne valent pas toujours de gros morceaux de pain, et Cervantès mourut à Madrid dans l'indigence, le 23 Avril 1616; son œuvre sauve son nom de l'oubli et le rend immortel. Comme Homère, après sa mort, sept villes se disputèrent l'honneur de lui avoir donné le jour; la critique a prouvé que le brave soldat de Lépante est né à Alcala de Hénarès.

Ces souvenirs nous escortent dans notre course à travers les steppes où circule également la « Guadiana » encore près de sa source. L'une des stations : Argamasilla, se glorifie d'être la patrie du bon chevalier Don Quichotte; mais les yeux se fatiguent vainement à découvrir ce gros bourg, il est à trois ou quatre lieues de là; pas le moindre sentier pour y conduire; pas l'ombre d'une Rossinante non plus : ah! la bonne bête aurait bien reconnu le chemin de son écurie! Forcément, nous continuons notre route vers Manzanarès qui s'épanouit au milieu d'une ceinture de fermes, de métairies, de jardins bien cultivés, véritable oasis après le désert.

Devant nous, à l'horizon le plus lointain, se profilent sur le ciel bleu, des montagnes aux arêtes nettement découpées, d'une teinte violacée mate qui retient l'attention et produit un genre de beauté inédit à mes yeux. Pourquoi cette chaîne porte-t-elle le nom de « Sierra Morena » — scie noire — qu'elle mérite si peu en ce moment? A cause des bois de sapins, dit-on; alors il faut la voir en hiver et en automne, peut-être justifie-t-elle son nom? C'est le secret de la lumière, de jeter sur toutes choses, selon les saisons et les jours, des draperies sombres ou resplendissantes. Voyez ces taches blanches, et dites si ces champs de neige ne font pas la plus violente opposition au reste du paysage quand un rayon de soleil les frappe?

Des vignes maintenant, des vignes partout, sur les sommets et sur les pentes; elles annoncent « Val de Peñas » si célèbre par ses vins. Leur réputation est méritée, nous avons pu en juger par nous-mêmes; du reste, d'un bout de l'Espagne à l'autre, le vin est si bon, si agréable, qu'on se prend souvent à regretter de ne pouvoir en loger quelques pièces en poche ou en malle pour faire déguster aux amis de France. Mais pourquoi nos voisins s'attardent-ils encore à leurs usages par trop primitifs, à l'enfermer dans les peaux de boucs ou de porcs, décorées du nom d'outres? On devine que la dépouille du *monsieur* n'est pas sans une certaine influence sur le liquide et qu'elle lui communique un fumet et un goût *sui generis*... Les grands hôtels se gardent bien de laisser franchir leurs portes par ces fûts du vieux temps; mais j'ai vu décharger dans des *fondas* — auberges espagnoles — d'énormes charrettes pleines de ces sacs à vin. C'est bien lentement, trop lentement que ce peuple se laisse pénétrer par les procédés et les exigences du commerce, de l'industrie et de la culture modernes : le bois est rare dans la Péninsule pour façonner des tonnes et il y a tant de troupeaux noirs dans la campagne! Elevés en liberté, on dirait, à voir leurs poils hérissés, des bandes de sangliers en rupture de forêt.

La viticulture, propre à faire la fortune de l'Espagne, aussi bien au Nord qu'au Centre où nous sommes et au Sud où nous allons, donne une activité heureuse à Val de Peñas; c'est trop rare sur notre route pour ne pas le constater avec empressement.

La voie monte doucement vers Santa Cruz de Mudela, ville de deux mille habitants : là est la grande fabrique de *navajas* ou couteaux-poignards dont on aime trop à jouer dans ces pays méridionaux. L'horizon se rétrécit, l'altitude qui ne dépasse guère huit cents mètres, atteint son point culminant à Almaradiel, entre des bouquets de chênes-nains, qu'au premier abord, on prendrait pour de petits oliviers. Par un phénomène géologique digne d'attention, les masses schisteuses de la chaîne, percées çà et là de roches éruptives, n'ont pu résister à l'action des eaux, et c'est à travers l'axe de la Sierra Morena que passent les torrents et les rivières tributaires du Guadalquivir. Toutes les eaux du versant septentrional se font de vive force une cluse pour descendre dans les campagnes de l'Andalousie; il s'ensuit que les érosions ont créé à travers la montagne des gorges d'un effet saisissant.

Nous voici à la plus fameuse de toutes, à cause de la grande route et du chemin de fer qui l'empruntent pour descendre de la Mancho en Andalousie par une série de viaducs jetés d'une falaise à l'autre; c'est le défilé de *Despeñaperros* — Précipite-chiens — ainsi appelé à cause d'une terrible déroute subie par les Maures. En regardant l'âpreté des rochers, la mêlée de leurs coupes, la profondeur de l'abîme, je me demande si le passage ne va pas tout à l'heure mériter le nom de « *Précipite-chrétiens* »... Même quand on n'a pas à redouter le vertige, il n'est guère possible de se soustraire à une émotion involontaire, mais combien motivée! quand on se sent, quand on se regarde emporté comme une flèche vers ces gigantesques murailles, celle qu'on affronte reliée à celle qu'on abandonne par un pont large comme la main. Vienne un déraillement, vienne un affaissement; qu'un boulon manque à la charpente de fer, nous voilà faisant un plongeon effrayant, tombant écrasés, en miettes, sur la cascade qui mugit féroce, réclamant sa proie.

Mais le temps à peine de fixer cette charmante image d'une dégringolade possible, et nous avons franchi le pas difficile pour entrer dans les fantastiques rochers, suivre un tunnel, puis un autre, puis dix autres avec un bruit de ferrailles épouvantable. Dieu! quelle musique aux oreilles délicates!... On n'y échappe que pour entendre monter des abîmes la voix des torrents, et c'est ainsi longtemps, avant que la transition soit complète du plateau triste et nu de la Manche aux riches campagnes de l'Andalousie.

Il est des voyageurs qui après avoir parcouru l'Europe entière, considèrent la gorge du Despeñaperros comme le lieu de l'aspect le plus saisissant qu'il leur ait été donné de voir. Son importance comme passage entre la vallée du Guadalquivir et le centre de l'Espagne, ne pouvait manquer d'en faire une position militaire de premier ordre. Et de fait, dans toutes les guerres civiles et étrangères qui ont désolé la contrée, un des principaux objectifs était de s'assurer la libre possession du Despeñaperros. C'est au pied de ce col que se livra, en 1212, la terrible bataille de Las Navas de Tolosa, où, d'après la chronique, deux cent mille musulmans, les guerriers de Mohamed-al-Nassr, furent massacrés.

A Vilchès, la voie passe près de ces plaines célèbres; sur la gauche, une nouvelle Sierra se dessine, la Sierra de Segura. Désormais, nous sommes en Andalousie : sur le bord des chemins, les aloès développent leurs feuilles épaisses et piquantes; tout annonce une végétation superbe; nous nous étions réjouis d'en consigner les aspects dans notre mémoire : Andalousie!... pour nous, ce nom n'est pas un simple nom de province, c'est un mot magique qui porte en lui-même la poésie des fleurs et des parfums, de la lumière et de la beauté, des chants arabes et des épopées chrétiennes, de la civilisation mauresque et de ses monuments; mais l'ombre du soir descendue avec nous de la montagne, se fait plus épaisse et plus sombre; c'est la nuit, une belle nuit andalouse, pleine de silence et constellée d'étoiles à son début,, puis nuageuse, pluvieuse et fraîche.

Je n'ai donc rien de mieux à faire que de me pelotonner dans un coin et de laisser venir le sommeil; il a déjà fermé mes paupières pendant près d'une heure quand arrive un prêtre espagnol; je lui aménage une place en face de moi et cette petite attention m'en fait tout de suite un ami. Le premier geste d'un Espagnol, qui veut lier conversation, est de plonger la main dans sa poche, d'en retirer un large étui, de l'ouvrir et de vous présenter avec un sourire engageant, quoi?... une cigarette!... l'inévitable cigarette!

Mon nouvel ami, Monsieur X*** n'y manque pas : Prestement, il atteint une ravissante boîte en argent et le plus aimablement du monde, il me dit : « *Gusta usted de un cigarro, Señor?* » — Puis-je vous offrir un cigare, Monsieur? — *Gracias*, répondis-je, *no fumo;* — Merci, je n'en use pas, — mais vous pouvez fumer, cela ne m'incommodera pas. Vous comprenez le français, Monsieur le Curé?

— Un peu, oh! très peu.

— Moi, je ne connais que l'espagnol des livres; dès qu'il a passé par les lèvres, je n'y suis plus. Parlons latin, voulez-vous?

Chacun sait que les habiles fumeurs parlent en fumant, ou fument en parlant : l'essentiel est que le tube ne s'éteigne pas; accident souvent renouvelé cependant : Dieu sait le nombre d'allumettes usées par les bavards, avant que le petit cylindre de papier ait livré son dernier parfum avec sa dernière colonne de fumée!

Ce fut précisément le cas de mon compagnon. Encouragé par mes bonnes dispositions à l'entretenir, sans exiger le sacrifice de son plaisir, non seulement il fumait et écoutait, mais il fumait et causait; l'idiome latin ne lui était évidemment pas très familier en dehors du Bréviaire et du Missel; il était, je crois, du même avis que mon ami X*** qui me disait un jour : « Mon Dieu, oui, j'aime les langues étrangères, mais pour plus de sûreté, je les parle dans ma langue maternelle ».

Ce n'était pas le cas et nous devisions en latin, sans trop de scrupules de part et d'autre, pour les gallicismes, moi, — les espagnolismes, — lui, — les barbarismes, — tous deux; d'autant que la conversation commencée par les questions sur les cultures, la fertilité du pays que nous traversions, dériva vite vers le cultivateur : s'il est laborieux en général, si les familles vivent dans l'aisance, si les femmes de campagne sont soigneuses, si elles apportent aussi la contribution de leur travail, si les enfants fréquentent assidûment l'école, si le Dimanche est bien observé, si l'on est en pays religieux... Vous voyez que mes questions se suivaient comme une bande d'oiseaux sauvages, portaient sur des objets assez éloignés des études théologiques pour exiger un vocabulaire spécial. Ce vocabulaire manquait souvent à mon compagnon de route, et pendant qu'il se creusait la tête, la cigarette s'éteignait pour se rallumer imperturbablement pendant une nouvelle question.

Quel que fût le résultat, cet exercice faisait oublier les heures, la pluie, la nuit et toutes les maussaderies. Pour se protéger contre le déluge du dehors, Monsieur le Curé avait le plus beau parapluie de soie rose qu'on pût voir avec une soutane; — les ecclésiastiques semblent affectionner cette couleur dans le Sud de l'Espagne; — cela nous change un peu des modes noires des pays du Nord.

Espeluy mit fin à la causerie et à la cigarette; mon aimable interlocuteur nous quitta pour la direction de Jaën, tandis que nous avions encore quatre heures de roulotte avant d'atteindre « la *perle de l'Occident* », comme disent les poètes arabes, l'antique et glorieuse capitale du Kalife Abdérame : Cordoba — Cordoue. — Ce n'est pas sans raison qu'on a dit : « Les gardiens de l'Andalousie ont dû acheter les compagnies de chemins de fer afin que par leurs lenteurs, leurs circuits étranges, les mille incommodités des voies, elles découragent le visiteur curieux ». Quand donc y aura-t-il des « Rapides » au Sud de l'Espagne?

VII.

CORDOUE

11 avril. — Cordoue. La *Mezquita*, señor, la *Mezquita!* — Le patio. La mosquée merveilleuse défigurée par la Cathédrale. — Civilisation arabe. — La favorite Zahara crée Cordoba Vieja.

Mardi, 11 Avril.

Notre entrée dans la « Gloire des Maures » n'est pas précisément brillante : il pleut à torrents!... A deux heures du matin, c'est la nuit noire! la gare est si bien éclairée qu'il est impossible de voir où poser le pied; nous traversons la voie en clapotant dans des flaques d'eau; dans ces conditions, où placer notre admiration?... Réservons-la et allons dormir, s'il se peut, au *Gran Hôtel de Oriente*. Le repos des yeux et de l'imagination prépare mieux les activités.

Après déjeuner, malgré la pluie, nous sortons, impatients de voir la merveille unique en Europe, la *Mezquita* — la Mosquée! Pour la contempler à l'aise dans tous ses détails, et nous promener ensuite un peu à l'aventure, nous sommes résolus à nous passer de guide, bien que Cordoue, par ses édifices de toutes les époques, constitue un véritable musée d'antiquités, intéressant pour le voyageur informé, dit-on.

« Le Paseo del gran Capitan », sur la droite duquel est situé l'Hôtel d'Orient, a bon air, mais il manque de longueur : le grand Théâtre, l'église Saint-Hippolyte ne le dépare pas; nous le suivons jusqu'à la rue San Felipe dans laquelle nous entrons. Etroite, tortueuse, au pavé inégal, — simples galets à angles vifs pris sans doute dans le lit du torrent, — et telle probablement que l'ont laissée les Maures; quelques maisons modernes, d'autres centenaires, défigurées par le badigeon, percées au rez-de-chaussée de rares fenêtres armées de grilles de fer forgé : voilà l'aspect général des rues et des maisons de Cordoue. Les frêles balcons du premier et souvent seul étage, ploient sous les vases de fleurs; et ainsi dans toutes les ruelles parcourues, car pas plus que la *Calle San Felipe* que nous décrivons, ces étroits passages ne méritent le nom de *rues*. Gare alors aux accidents de voiture! La municipalité y a songé en réservant aux unes l'entrée et aux autres la sortie des chariots, comme l'indique l'inscription en lettres noires émaillées que nous lisons à l'angle.

Plus ou du moins guère de traces de vieux palais; au reste l'usage universel de crépir à la chaux donne une teinte uniforme à tous les monuments, efface les broderies et ne permet pas de lire leur âge, de sorte que le mur fait il y a un siècle ne se distingue pas de celui achevé hier; les modernes *solares* de la noblesse sont souvent vides, mais autour de délicieux patios fleuris, les pauvres gens ont bâti des demeures spacieuses et commodes.

Qu'est-ce que le patio? — prononcez t dur : pathio. — C'est le lieu de prédilection des Cordouans; il est tout à la fois salon, cour et jardin : un palmier en marque le centre ombrageant un jet d'eau au milieu d'un bassin : des roses, des géraniums, des guirlandes de fleurs de toute sorte le traversent ou courent le long des galeries supportées par des colonnes de marbre; des statues, des bustes, des massifs, des fontaines quand il s'agit de maisons riches; et autour, des sièges, des tables à ouvrage, car là on s'installe pour travailler ou se délasser; là se prolongent les causeries du soir aux jours d'été, brûlants à Cordoue et dans tout le Sud de la Péninsule. Avant les Arabes, les Romains avaient sans doute importé cet usage qui n'est qu'une réduction de leur *viridarium*, tel qu'on le rencontre à Pompéi. Cette particularité donne un caractère spécial aux maisons espagnoles; partout on en voit, tous sont soigneusement entretenus, de végétation superbe, nourrie de vapeur et de chaleur, même l'hiver, car l'hiver ici, c'est la pluie, désagréable comme celle de la nuit, mais de froid et gel, point!

A tout instant, nous rencontrons des groupes d'enfants au jeu; dès qu'ils nous aperçoivent, voyageurs français, ils se mettent à crier : « *Mezquita? Señores, Mezquita!* » nous poursuivant de leurs offres, malgré nos refus bien nets : « *Nô, nô, gracias* ». Mais les gamins d'Espagne tiennent un peu de leurs mules, ils sont entêtés, surtout quand ils flairent quelques piécettes, et délibérément, l'un d'eux prend les devants en éclaireur, regardant de temps à autre si nous suivons bien, supprimant ainsi toute préoccupation. Pour le contrôler, il me prenait parfois fantaisie de dire à quelque passant : « La Mezquita »? — « *Aqui!* » répondait-il en montrant la route devant nous; c'est la largeur de la ville à traverser, mais avec de si vivants indicateurs, le plaisir n'en est que plus long. Sans aucune question préalable, ils nous renseignent sur tout le parcours.

Voici la Mosquée : Une cour la précède; on y accède par un arc ogival, orné de fines arabesques : c'est le patio de los Naranjeros; les orangers y sont en effet géants et datent, dit-on, du temps des Maures; leur parfum, emporté par la brise, pénétrait sans obstacle dans l'intérieur de l'édifice, ouvert de ce côté dans sa largeur, cent dix-neuf mètres, pendant que l'œil plongeait avec ravissement jusqu'aux profondeurs de la demeure d'Allah! Aujourd'hui, un mur arrête le regard et il faut chercher une des portes pour voir et admirer!

L'impression est étrange, unique, écrasante!

Devant vous, des colonnes de marbre s'allongent, se multiplient en perspective infinie : huit cent soixante, formant dix-neuf nefs du nord au sud, trente-six, de l'est à l'ouest. Ce sont des jaspes, des porphyres, des marbres rares et précieux portant deux étages d'arcs en marbre noir alterné de marbre blanc de l'effet le plus beau à quelque heure qu'on les voie. Le soir, cinq mille lampes étaient allumées pour la prière; parfois aux fêtes, le nombre dépassait dix mille.

On imagine difficilement l'effet de ces lumières dans les longues nefs, le miroitement prestigieux, le scintillement magique de toutes ces étoiles en un pareil décor, sur le pavé de marbre, sur les arceaux, sur les voûtes entre-croisées comme des rubans. Quel éclat dans les mosaïques de cristal! quelle netteté de dessin dans les arabesques et les versets du Coran!

Parmi les innombrables lustres de ce mystérieux sanctuaire, les plus curieux étaient certainement les cloches de Compostelle que le Kalife conquérant Al-Mansour avait enlevées à l'église de Saint-Jacques et fait apporter à Cordoue sur les épaules des chrétiens. Renversées et suspendues à la voûte par des chaînes d'argent, elles illuminèrent le temple d'Allah et de son prophète Mahomet. Mais en 1236, Ferdinand III, roi de Castille et de Léon, vainqueur des Maures à Cordoue, enlevait la ville assiégée avec les trois cent mille habitants renfermés dans son enceinte, reprenait les cloches et les faisait reporter, à dos de musulman, à leur première destination. C'était la peine du talion appliquée dans toute sa rigueur! Quand on se représente la distance entre ces deux points: la Galice, l'Andalousie; quand surtout on connaît les fleuves, et les déserts, et les montagnes, et les précipices qui les séparent, on ne peut s'empêcher de s'écrier : « Quel voyage! pour les épaules plus encore que pour les jambes des malheureux porteurs! »

C'est un vrai voyage aussi, mais combien plus agréable, que nous faisons à travers la forêt de marbre; plus on avance, plus on est stupéfait de la grandeur, de l'harmonie, de la variété d'aspects que prend aux yeux telle ou telle partie suivant l'heure du jour et l'intensité de la lumière : l'étonnement et l'admiration marchent de pair et s'accroissent à mesure que les pas se multiplient, que les yeux observent. C'est l'infini devant soi et alentour : le regard s'allonge, plonge et ne découvre pas le terme : on touche là le sublime.

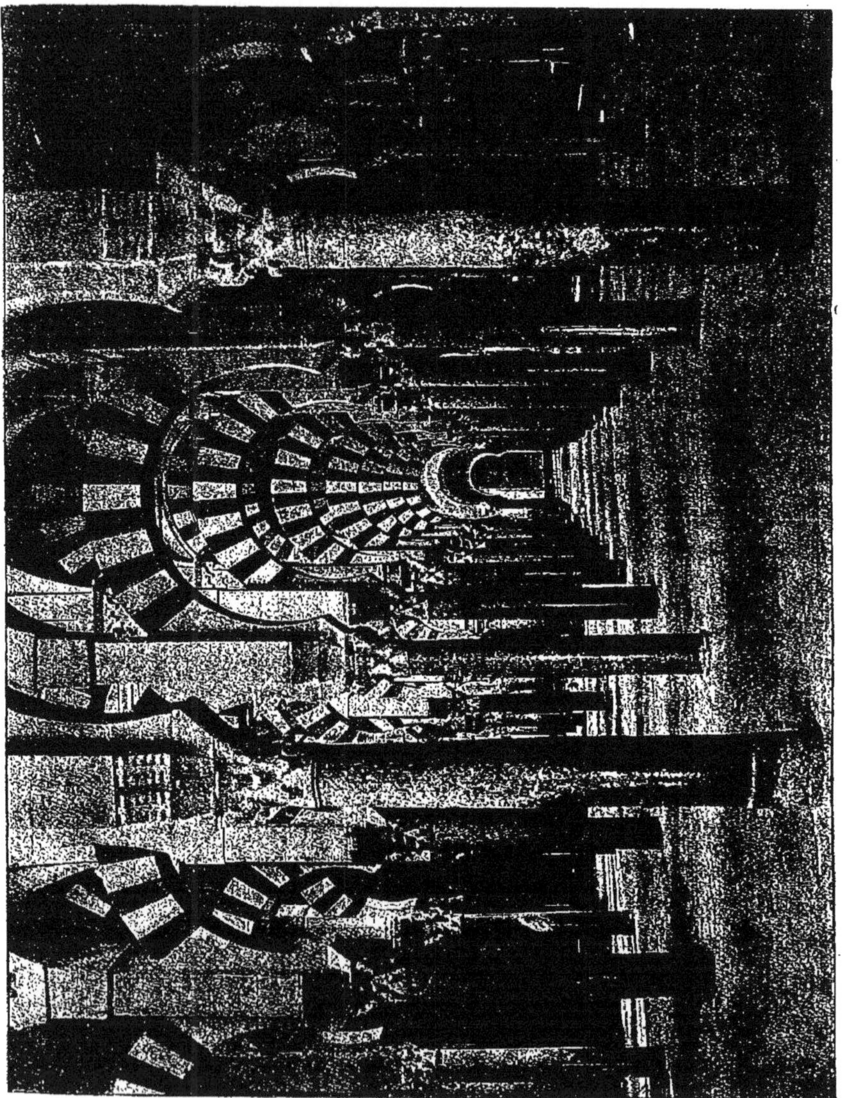

INTÉRIEUR DE LA CATHÉDRALE DE CORDOUE (P. 64.)

Et cependant, en suivant la nef la plus large, on aboutit à quelque chose qui dépasse en beauté tout le vu : c'est le Mihrâb, le sanctuaire du temple, vers lequel les musulmans d'Espagne se tournaient pour la prière, comme leurs frères d'Afrique vers La Mecque. Des colonnes de jaspe surmontées d'arcades lobulées, d'une légèreté, d'une richesse inouïes, le précèdent et l'annoncent; le sanctuaire lui-même est petit, — huit mètres de diamètre, — mais quoi de plus délicieux que la galerie formée par seize colonnettes de marbre rose, les émaux coloriés, les minuscules voûtes à alvéoles, les frises de pourpre ou d'azur portant des inscriptions en cristal doré, les semis d'étoiles du plafond en bois sculpté? Au centre, la chaire d'Hakem II, faite d'ivoire, de sandal et d'ébène, incrustée d'or et de pierreries, travaillée pendant six ans avec un art inimaginable; tout cela dans sa pureté et sa fraîcheur comme si hier encore le Kalife était venu y faire sa prière!

Mais qu'est devenu l'exemplaire du livre sacré de l'Islam écrit de la main même du Kalife Othman, conservé si longtemps dans un étui de soie soutaché de rubis et plus lourd que les énormes antiphonaires de l'Escorial?

La caractéristique de cette merveille, sa poésie et son mystère consistaient en cette étendue obscure et indéfinie; rompre cette perspective était détruire le charme puissant de l'édifice; voilà ce que ne comprirent pas Messieurs les Chanoines en 1525 quand ils mutilèrent la mosquée pour construire leur Cathédrale.

Déjà, après la conquête de saint Ferdinand, le monument avait subi des remaniements désastreux : l'entrée principale avait été surmontée d'un frontispice carré, les dernières rangées de colonnes, reliées par des cloisons pour faire cinquante-deux chapelles; un mur élevé entre le patio des orangers et la Mosquée, arrête la perspective admirable ménagée précisément par une heureuse inspiration des architectes maures. Il me faut la reconstituer aujourd'hui par la pensée, supprimer cette malencontreuse muraille pour découvrir les jouissances données aux yeux qui, par dix-neuf portes, pouvaient apercevoir dans le patio les fruits d'or et les fleurs des orangers, pendant que de ce même patio, mon regard se promène parmi les colonnes aux lignes si belles, semblables à une végétation de marbre spontanément jaillie du sol.

Au seizième siècle, les Chanoines de toutes les Cathédrales d'Espagne éprouvèrent le besoin de se bâtir un chœur muré en face du maître-autel; le Chapitre de Cordoue n'échappa point à la contagion; il détruisit au milieu de l'incomparable édifice soixante-trois colonnes pour élever à la place une chapelle et un chœur, c'est-à-dire une église complète.

Dès que le dessein de Messieurs du Chapitre fut connu, un cri de protestation s'éleva dans la ville, si violent, que le conseil de la cité, l'Ayuntamiento de ce temps-là, décréta la peine de mort contre quiconque enlèverait la moindre pierre de la mosquée. Mais les révérends... Chanoines, — j'allais écrire Vandales — qui avaient en hâte commencé la démolition, portèrent la cause au tribunal royal. Charles-Quint n'avait pas vu Cordoue alors, il donna la permission demandée. Quand, à quelques années de là, l'empereur vit la faute artistique commise au cœur du plus beau monument de l'architecture arabe, il éprouva autant d'indignation que de tristesse : « Si j'avais vu ce que je vois, je n'aurais pas permis qu'on touchât à l'œuvre ancienne, dit-il aux Chanoines consternés; vous avez mis ce qui se voit partout à la place de ce qui ne se voit nulle part! »

Cette cathédrale, plantée là au milieu d'une forêt de colonnes est en effet le plus violent contre-sens que l'on puisse concevoir; on a beau faire valoir en sa faveur que le retable, les stalles en acajou, les orgues, les grilles, les balustrades en fer ouvragé, les statues, les tombeaux, les chaires, le lampadaire d'or et d'argent, tout l'édifice, y compris la tour et les décors, sont remarquables par eux-mêmes, j'en conviens à regret; mais je maintiens l'anathème contre les bâtisseurs-démolisseurs, et j'appelle de mes vœux le jour où l'Espagne sera assez riche pour se donner et donner aux visiteurs la satisfaction de voir enlever, pierre par pierre, l'œuvre de Hernan Ruiz, en la restituant ailleurs, pour remettre enfin la « Divine Mezquita » dans son intégrité.

Dans son intégrité! hélas! jamais peut-être?... il ne reste plus que la moitié de ce qu'avait fait Abdérame, mais cette moitié est ce qu'il y a de plus parfait au monde, et elle suffira pendant des siècles encore à l'admiration de ceux qui viendront après nous.

Echappé au massacre des Ommiades à Damas, puis successivement fugitif, guerrier et vainqueur de l'émir de Grenade Youssouf, Abd-el-Rahmân Ier, — *esclave du miséricordieux* — que nous appelons Abdérame, voulant rendre son nom célèbre, conçut le projet colossal de construire un monument superbe, une mosquée ou *zeca*, qui surpassât en étendue et en splendeur celles de Damas, de Bagdad, même de Jérusalem, et fût l'émule de La Mecque.

Une vieille église wisigothe, bâtie sur les ruines d'un temple de Janus, au bord du Guadalquivir, lui donna les premiers matériaux; les temples romains de l'Andalousie, du reste de l'Espagne, de la Gaule musulmane, de la Mauritanie, fournirent les colonnes; Byzance en envoya deux cent quarante. Les architectes s'ingénièrent à les disposer artistement, en toute liberté, les unes cannelées et torses, d'autres rugueuses comme le palmier, nouées comme le bambou, ou lisses comme le bananier, toutes d'un seul morceau d'une hauteur de près de quatre mètres, surmontées de chapiteaux doriques et corinthiens d'une véritable élégance. Les arcades superposées, de formes diverses aussi, partie à plein-cintre, partie en fer à cheval à trois, cinq, sept, neuf ou même onze lobes, frôlent la voûte et ajoutent à l'éblouissement.

En vingt et un ans, ce gigantesque édifice était achevé, et le glorieux fondateur du Kalifat de Cordoue pouvait se vanter d'avoir réalisé l'une des merveilles du monde. Ses successeurs n'eurent qu'à ajouter quelques ornementations; le pavage en argent de certaines nefs, le revêtement des sanctuaires en lames d'or, rehaussées de pierres précieuses, afin de mettre la richesse de cette mystérieuse *Zéca* à la hauteur de son architecture.

En considérant ce chef-d'œuvre du VIIIe siècle, quelle idée n'est-on pas contraint de se faire de la civilisation arabe à cette époque? La chétive Cordoue que nous visitons en ce moment, qu'est-elle auprès de la Cordoue antique, peuplée d'un million d'habitants, divisée en trente faubourgs dans lesquels étaient répartis des milliers de palais où le luxe s'étalait avec magnificence? la ville se prolongeait jusque dans la plaine et les vallées latérales.

Outre l'incomparable Mezquita, la richesse des autres mosquées, — huit cents, — des maisons particulières, était prodigieuse; en même temps, elle était la principale ville d'études dans le monde entier : ses écoles, ses collèges, ses universités conservaient et développaient les traditions scientifiques d'Athènes et d'Alexandrie. Ses bibliothèques n'avaient pas d'égales : l'une d'elles contenait plus de six cent mille volumes; le catalogue n'emplissait pas moins de quarante-quatre tomes. Où sont maintenant ces œuvres du savoir?... Demandez le secret des ruines aux guerres civiles, aux invasions, au fanatisme peut-être? car si la haute aristocratie espagnole aime à rattacher ses origines à celles de Cordoue tour à tour ibérienne, romaine, arabe; si là se trouve par excellence la source du *sang bleu — sangre azul* — que les gentilshommes disent couler dans leurs nobles veines; et si cette noblesse a toujours été héroïque sur les champs de bataille, il faut bien dire aussi qu'elle s'est désintéressée du savoir et des livres avec la belle désinvolture que nous constatons encore aujourd'hui chez un trop grand nombre d'Andalous.

La « reconquista » a coûté à l'Espagne des flots de sang généreux, et les épopées qui chantent ses combats pendant tant de siècles ne sont que la poésie de la vérité, mais elle a coûté aussi de tels trésors de science que nous ne craignons pas de nous écrier en regardant la ville morte, attristée et silencieuse : « Ah! si je pouvais te ressusciter telle que tu as été du huitième au douzième siècle, si vivante dans le fourmillement de tes foules, si laborieuse dans le nombre de tes industries, si studieuse en tes savants, tes docteurs, tes poètes, tes historiens, les milliers d'étudiants, je n'hésiterais pas à le faire dans l'espoir que l'Andalou d'aujourd'hui se galvaniserait au contact de l'Andalou d'autrefois... Mais,... c'était écrit! »

Au dixième siècle, la belle favorite Zahara, ayant inspiré une folle

UN CÔTÉ DE LA MOSQUÉE DE CORDOUE. (P. 70.)

passion à un autre Abd-el-Rhaman, exigea que son sultan égalât en célébrité le fondateur de la dynastie des Ommiades, Abdérame Ier, bâtisseur de la *Médina Andaluz*. Aux portes de Cordoue, sur les pentes de la Sierra, on éleva un palais si grand, si fastueux qu'il ressemblait à une cité merveilleuse. Œuvre des architectes et des artistes les plus renommés du monde musulman, décorée de toutes les splendeurs que l'art grec et le luxe des Arabes de Damas, de Bagdad et de Byzance purent fournir, la Médina Az Zahara devint un paradis de volupté où trois mille sept cent cinquante pages ou esclaves, douze mille gardes et eunuques servaient, dit-on, six mille trois cents femmes.

L'Alcazar y était supporté par quatre mille trois cents colonnes de marbre précieux venant d'Afrique et de Rome, de Valence, de Tarragone et de Mérida : tout le pavement était en fines mosaïques. Une statue d'or était dressée en l'honneur de la sultane; un lion d'or, aux yeux de rubis, déversait l'eau de la montagne, amenée par un aqueduc, dans des vasques de jaspe : rien n'était trop cher à la passion ardente d'Abd-el-Rhaman III pour satisfaire les caprices de la favorite adorée : on y dépensa l'équivalent de huit cents millions de notre monnaie: c'était la merveille des merveilles que cette cité nouvelle!... Elle vécut ce que vivent les roses : l'espace d'un matin!

Cinquante ans plus tard, la guerre civile éclata si violente, si destructrice qu'il n'en resta pas pierre sur pierre. Dans la suite, les torrents de la montagne, les crues du fleuve bouleversèrent et nivelèrent si bien le sol, que tout, jusqu'au nom même, a disparu : Medina-Az-Zahara est maintenant un pâturage sans souvenirs qui se confond avec Cordoba-Vieja, — Cordoue-la-Vieille. — Peu de guides savent même indiquer la bande stérile d'un terrain brûlé qui cache les vestiges de ce passé enseveli à la fois dans la nature et dans la mémoire des hommes.

L'extérieur de la Mosquée d'Abdérame ne répond nullement à la magnificence de l'intérieur; le temps a porté là trop visiblement sa griffe; et puis ce quadrilatère de cent soixante-sept mètres de long sur cent dix-neuf de large, couvrant une étendue de cent hectares, ressemble plutôt à une forteresse qu'à un temple. La porte principale, *Puerta del Pardon*, est récente, elle décrit un arc ogival de huit mètres d'ouverture, ciselée de fines arabesques et entourée d'écussons armoriés; elle est pratiquée en pleine muraille à l'endroit où s'élevait le minaret d'Abdérame détruit par un tremblement de terre. Généralement, on pénètre dans l'édifice par la *Puerta Santa Catalina*, située à l'est, et qui donne dans une sorte de vestibule ou cloître que l'on traverse pour aboutir par la *Puerta de las Palmas* au délicieux patio des orangers : à leur ombre les Arabes venaient se recueillir avant d'entrer dans le temple, et faire leurs ablutions à la fontaine devant laquelle nous ne saurions passer indifférents.

En faisant le tour du monument, nous avons le plaisir de voir restituer, dans leur grâce exotique, quelques arcades, quelques portes simulées ou réelles, dont l'ornementation est si délicate, si compliquée, si variée qu'il faut aller à l'Alhambra pour trouver la pareille. Ces restaurations, ou mieux ces reconstitutions faites avec le souci de fidélité qui est l'honneur de la science contemporaine, en architecture comme en tout le reste, donnent une idée favorable des antiquaires espagnols et font espérer qu'un jour, sans qu'on ait besoin de porter une main sacrilège sur sa vétusté, en faisant disparaître les fautes qui la déshonorent, la Mezquita réapparaîtra dans sa splendeur.

Quelques centaines de mètres seulement la séparent du Guadalquivir, c'est le meilleur moment pour aller saluer le fleuve.

A l'entrée de la petite place qui précède la mosquée, est un monument assez singulier : *El Triunfo.* Soubassement de rocailles agrémentées d'un lion, d'un cheval, d'un palmier et d'un monstre marin; quatre statues allégoriques; au milieu une longue colonne de granit au chapiteau corinthien de bronze doré, et, sur cette colonne, le protecteur de la cité, l'Archange Raphaël, les ailes éployées, l'épée à la main, sentinelle vigilante, qui étend sa protection sur la ville confiée à sa garde. Dans un cartouche, on lit l'inscription suivante :

Yo te juro por Jesu Cristo cruzificado
Que soy Rafaël angel a quien Dios tiene puesto
Por guarda de esta ciudàd.

Ce qui veut dire : « Je te jure, par Jésus-Christ crucifié, que je suis l'ange Raphaël, que Dieu prépose à la garde de cette cité ».

Ce *Triunfo* bizarre et de si triste figure est l'œuvre de deux Français : l'architecte Graveton et le sculpteur Verdiguier; qu'ont-ils voulu représenter dans ce groupement baroque? Je ne le devine pas et... je ne les félicite pas non plus.

Ne disons pas adieu au chef-d'œuvre arabe sans avoir fait provision de cartes pour nos amis de France; en voilà de bien jolies chez ce marchand à gauche! oui, mais elles sont aussi très chères, nous en faisons la remarque. Devinez-vous pourquoi?... La réponse est aussi surprenante que celle du Chef de Gare de Burgos : « Elles sont faites... en Allemagne!... » Textuel.

Nous voici sur le *Puente viejo* — le vieux pont — le seul à Cordoue d'ailleurs : de là, il est loisible de suivre ou de remonter le courant d'un œil sympathique, mais nullement admiratif. Le Guadalquivir est une honnête rivière qui arrose doucement, consciencieusement les plaines de la Bétique : au-dessous de Séville, quelques bateaux et petits vapeurs le descendent jusqu'à Cadix, mais ici, il n'a guère que cent et quelques mètres de large et il néglige d'être imposant. Les Arabes l'appelaient *Oued-el-Kébir* — le grand fleuve; —

ces enfants du désert le comparaient sans doute aux ruisselets de leurs oasis. Du reste, les rives en sont enchanteresses, la végétation luxuriante avec ce piquant d'étrangeté que donnent les espèces tropicales acclimatées en Andalousie : dattiers et bananiers, bambous et caoutchoucs, dragonniers et magnoliers, et les ricins et les stramoines qui prennent des proportions de vigoureux arbrisseaux.

A quelques pas, l'*Alcazar viejo*, palais arabe disparu, a gardé ses jardins qui suffisent, tout diminués qu'ils soient, à donner une idée de leur splendeur au temps des Maures. Sous le parasol des palmiers, tant de bosquets de citronniers, de grenadiers, d'orangers et de fleurs au coloris éclatant s'épanouissent, qu'une simple promenade, même rapide, y est d'un charme indicible. Mais il n'y a charme qui puisse longtemps retenir le voyageur; semblable à l'abeille, il voltige de fleur en fleur et butine çà et là le rayon de miel qui forme peu à peu le faisceau de ses souvenirs.

VIII

VERS SÉVILLE.

12 Avril. — Départ de Cordoue. — Les Espagnols dans le train. — Cohue de portefaix à Séville. — Premiers aspects de la Semaine-Sainte. — Les pasos. — Les processions. — Curieux spectacle.

Mercredi, 12 Avril.

Ne quittons point la ville des Kalifes sans une visite aux ruelles dites commerçantes; par des passages aussi étroits que la rue San Felipe, nous arrivons à une place malpropre où quelques étals, mal entretenus, présentent aux regards des restes de boucherie, de charcuterie ou de légumes : c'est le marché. La vente est à peu près terminée; ce que nous en voyons, marchands et marchandises, n'a rien de bien engageant. Il faut être Espagnol pour acheter ici; à part les oranges sucrées et délicieuses, mais que l'on trouve partout, même au Jardin public où l'on peut les cueillir aux arbres, je n'ai rien vu qui puisse tenter un voyageur.

Les vieilles murailles élevées par les Maures ou par les chrétiens entourent encore la ville; des tours massives, octogones, cylindriques ou carrées y sont flanquées de distance en distance et retiennent un moment notre attention; mais la matinée s'avance, nous disons adieu à la patrie de Sénèque sans avoir pu recueillir un indice sur sa maison natale.

A onze heures, après un déjeuner sommaire, nous sommes en gare, car nous prenons, à onze heures dix, le train pour Séville. Les indicateurs portent bien en toutes lettres : onze heures dix! en France il en serait ainsi, mais de l'autre côté des Pyrénées, les heures — ou les gens — sont plus calmes et les trains se promènent si doucement que le départ ne sonne qu'à *une heure quarante!* Le sacramentel *Retardo por servicio* vient s'inscrire au tableau noir. La cause, s'il vous plaît? Il n'y en a point d'extraordinaire, sinon qu'on s'arrête cinq minutes au lieu d'une, et vingt au lieu de cinq, et cela pour prendre les voyageurs, pour donner aux porteurs d'eau le temps d'offrir le verre de : *Agua! agua!* ou encore pour permettre aux joueurs de mandoline, aux petites vendeuses de bouquets et aux mendiants de faire la récolte de quelques sous. Ces petites stratégies se répètent quotidiennement, même dans les stations les plus isolées, et les conducteurs de train paraissent tout scandalisés quand, au lieu de jeter sa monnaie à la tourbe parasite, on les prie de nous en débarrasser par le signal du départ.

Retourner en ville pendant ces *deux heures et demie* d'attente ne me sourit guère; je m'installe comme je puis sous le hall de la gare, un carton en guise de pupitre, et j'envoie des cartes de la belle *Mezquita* aux amis de France.

Si j'avais connu ce retard, dis-je à mon compagnon, au lieu de prendre en hâte le chemin de la gare, nous serions allés au *Campo de los Martires*, terrain vague, situé non loin du palais des anciens rois maures, où des milliers de chrétiens furent suppliciés sous les yeux d'Abd-el-Rhaman.

Deux heures vingt!... le train entre en gare; nous courons à l'assaut d'une bonne place; à peine en trouvons-nous deux dans le même compartiment, tant les voitures sont pleines d'habitués de la Semaine Sainte de Séville; ils ont avec eux quantité de bagages: où placer les nôtres? Les rares filets sont bondés : nous n'avons qu'un parti à prendre : essayer de les glisser sous la banquette ou s'asseoir dessus, c'est ce que font la plupart de nos compagnons de route, ils n'y regardent pas de si près!

L'Andalou est le Gascon de l'Espagne : gracieux et souple de corps, séduisant de manières, éloquent de mine, de geste et de langage; il est charmeur, mais le charme qu'il exerce n'est souvent employé que pour les buts les plus futiles : sous la faconde on trouve vite le manque de pensée; toute la redondance sonore de sa conversation cache le vide. S'il avait l'humilité en partage, l'Andalou saurait encore en faire étalage, mais ce n'est pas son défaut; en revanche la fanfaronnade, une tendance à l'exagération fastueuse l'emporte souvent au delà des limites du vrai, mais son imagination surabondante a cela de bon qu'il voit toutes choses par le beau côté, heureux, pourvu qu'il fasse et qu'il entende du bruit. Dans la misère, il garde toujours comme ressource son esprit et sa gaieté; les aspects en seront pour nous ce soir très particuliers.

L'Espagnol en voyage a trois plaisirs : causer, fumer, manger!... il peut tout mener de front et il ne s'en fait pas faute : fumer en causant et causer en mangeant sont pour lui choses inséparables. Nous étions à peine installés que déjà des roulades de conversation animée, un parfum d'oignon, d'ail et de saucisson, flottaient dans l'atmosphère du wagon. Pour se mettre en appétit, l'Espagnol commence une cigarette; le divin plaisir est si vite passé qu'une autre suit la première, puis une troisième; c'est le moment d'attaquer la charcuterie et la bouteille de vin entamée à plein goulot; ce nouvel arome s'ajoute aux autres et donne une odeur de victuailles qui vous pénètre à pleines narines en tous les pores; l'un a fini, le voisin commence, et ainsi deux heures durant. Enfin, les restes sont remisés dans un journal et en avant la cigarette qui active la digestion, excite la belle humeur, et entretient l'amitié par l'échange des tabacs entre compagnons de route.

Pour échapper à ces tyrannies, le seul moyen efficace, c'est de fixer son attention sur le pays traversé. Après de vastes prairies encloses, sur lesquelles sont élevés des taureaux de combat, voici les landes de *Medina Az Zahara*, ou *Cordoba Vieja*, qui recouvrent les palais et la cité merveilleuse d'Abdérame III. Suivent de grandes exploitations agricoles, puis Almodovar et son château démantelé, sur un rocher de belle hauteur; une vallée encaissée, des mamelons d'oliviers, de lentisques et de chênes. Le Guadiato et d'autres torrents de moindre importance nous valent des ravins à traverser sur des ponts de fer : les paysages sombres et solitaires abondent de ce côté : un castel, en ruines, y ajoute encore sa note rébarbative; mais à Palma, nous voyageons dans les vergers, les jardins, les orangers aux fruits délicieux, aussi renommés ici que ceux de Palma dans l'île Majorque. Le long de la voie, les oliviers sont vigoureux, tandis que la plaine à notre gauche est couverte de palmiers nains. Plus loin, la population industrieuse a planté les champs de mûriers, d'oliviers, d'orangers; nous sentons enfin que nous sommes en Andalousie.

Le Guadalquivir devient notre compagnon de gauche après avoir été notre compagnon de droite : le pont qui nous le fait traverser n'a pas moins de deux cent cinquante mètres de longueur : voilà du coup les eaux d'un vrai fleuve.

Très attentivement, nous observons ces aspects changeants : plaines et ravines, culture et landes; cent dix kilomètres se succèdent ainsi, nous offrant tour à tour le spectacle de campagnes fertiles et riantes, baignées toujours par de petites rivières, source de gaieté et de fécondité.

Beaucoup de monde à la station de Brenès, petite localité de deux mille habitants, que son clocher carré et les toits des maisons nous indiquent à droite. La foule se rue à l'assaut du train, se précipite aux portières et pénètre de force dans les voitures; les employés, voire même les gendarmes, les y poussent en dépit des protestations des voyageurs bousculés; l'administration n'écoute rien, elle entasse, tant qu'il reste une portière ouverte et du monde sur la voie. Nous étions déjà onze dans notre compartiment, on y fait monter encore cinq personnes, une famille avec matelas, oreillers, couvertures, malles, paniers et manteaux,... tout l'attirail pour s'installer nuit et jour dans quelque recoin de *Posada*, et jouir au complet de la Semaine Sainte à Séville.

Il en fut ainsi désormais à chaque station : les groupes s'entassèrent dans les passages, debout ou assis les uns sur les autres en une cohue indescriptible. Les premières ne furent pas plus respectées que les secondes, tant qu'il y eut de la place et du monde à loger; l'indication de la classe fut comptée pour rien. La chaleur, la fumée des cigares, le bruit des conversations, la gêne, le dépit de voir sur nous tant de rustres paysans leur billet de troisième en main, tout cela nous gâta le plaisir des riches terres traversées; nous n'avions qu'un désir : arriver à Séville pour sortir de ces wagons empestés!...

La Giralda pointe à l'horizon : quelques minutes encore et nous pourrons goûter les délices de la délivrance!... Nous y voilà : le sifflet de la locomotive a deux fois déjà signalé son arrivée, le train ralentit, il stoppe; six heures sonnent; dans un instant, nous allons contempler à l'aise cette cité, jadis merveille de gloire et d'opulence, qu'on se plaisait à appeler au dix-septième siècle : la nouvelle Délos!

SÉVILLE

Quien no ha visto Sevilla,
No ha visto a maravilla.

Qui n'a pas vu Séville, n'a pas vu de merveille.

La première merveille qui s'offre à nous, c'est la corporation, ou plus exactement, la tourbe des mozzos ou portefaix. Tudieu! quelle armée! quelle ardeur! quels cris! quels assauts pour se disputer le voyageur! Cela me rappelle les ports d'Orient où dix Arabes et autant de Grecs se précipitent, trois ou quatre sur votre manteau, autant sur votre parapluie, le reste sur la valise, tirant à toutes forces, les uns d'un côté, les autres d'un autre, tellement que c'est miracle si tout le bagage du passager n'est pas éventré en cinq minutes.

Ils sont bien cinquante à la sortie de la gare à Séville; tous à la fois veulent s'emparer de mes *équipajes* — comme ils disent — et me conduire à tel ou tel hôtel. Cette lutte assourdissante m'amuse un instant, et je m'adosse à une colonne pour en voir la tournure et bien examiner le type... Chacun vante son hôtel, plutôt deux qu'un : les uns à *diez pesetas*, les autres à *ocho*, d'autres même à *siete*, c'est-à-dire à *dix*, à *huit* ou à *sept* francs par jour.

Las enfin de leurs cris et importunités, je fis signe à un commissaire de police que j'avais entendu parler en français :

— « Il n'y a aucune confiance à avoir dans ces offres-là, n'est-ce pas? »

— « Pas la moindre, monsieur; quel hôtel choisissez-vous? »

— « L'Angleterre ou le Lion d'Or, si le premier manque de place; ils sont à côté l'un de l'autre. »

— « Les voitures sont parties, mais c'est près d'ici; vous n'avez qu'à suivre ce commissionnaire; on viendra chercher vos bagages, vous discuterez vos prix en arrivant ».

Ainsi fut fait. Quelques minutes après, l'Hôtel du Lion d'Or nous recevait.

VUE DE SÉVILLE (P. 76.)

— « Monsieur, dis-je au propriétaire, pouvez-vous nous donner deux chambres? »

— « Oui, Monsieur. »

— « Combien la pension: nourriture et logement? »

— « Vingt-quatre francs par personne. »

— « C'est beaucoup trop, je ne puis et ne veux donner que dix francs. »

— « Oh! ce n'est pas possible: le tarif est double pendant ces deux semaines: voyez, lisez l'ordonnance royale. »

— « Je suis venu au Lion d'Or de préférence à dix autres hôtels; je vous offre *douze* francs par jour, y compris le service, pas un centime de plus. »

— « Pour combien de jours? »

— « Pour trois jours. »

— « Conduisez ces Messieurs au 17 et 18 ».

La *Semaine Sainte à Séville* a une réputation européenne : toutes les gares de France et de Navarre, toutes les gares internationales, pendant un mois au moins auparavant, offrent aux yeux des voyageurs des affiches colossales les plus violemment peinturlurées de rouge, de bleu, de noir, où se représentent artistement les processions de Séville, les campements de la grande foire qui suit Pâques, les corridas qui ouvrent le temps pascal. Une débauche de couleurs voyantes, de costumes élégants, de mantilles descendant en cascades du haut des diadèmes jusqu'aux épaules des Sévillanes, etc., etc... Qui de nous n'a pas rêvé de voir au moins une fois dans la vie ce pittoresque, ces étrangetés savoureuses?

Eh bien! nous y sommes, les oreilles tendues, les yeux grands ouverts pour voir et entendre. Commencées le Dimanche des Rameaux, continuées le Mardi Saint, les processions se mettent en mouvement vers quatre heures du soir, aujourd'hui même, après l'Office des Ténèbres. Il est neuf heures quand nous pouvons sortir; un peu tard évidemment, mais à temps toutefois pour bien voir.

Venez avec nous en passant sous les palmiers de la belle place San Fernando qui s'allonge à la porte de notre hôtel : voilà à l'extrémité l'*Ayuntamiento*, le palais municipal dont la plus belle façade aux colonnades imposantes est de l'autre côté sur la place de la *Constitucion;* c'est là que viennent successivement les *pasos*, — les représentations de la Passion, — qui sont le grand attrait de ces défilés. Devant nous, de chaque côté, la foule est énorme; l'immense place de la Constitucion est noire de curieux; les rues adjacentes regorgent, en dépit d'un va-et-vient continuel; depuis près de cinq heures les chars se succèdent : le premier, la Descente de Croix est sorti de l'église du Baratillo; au pied de la Croix, une Vierge très expressive tient en ses bras le cadavre du Christ!... Deux autres reposoirs : Jésus-Christ attaché au milieu de quatre juifs et une Vierge, de *Régla*, sous un dais superbe, sont sortis de la chapelle Saint-André. La paroisse de Saint-Vincent a envoyé le groupe du Crucifié, entouré de sa Sainte Mère, de l'Apôtre évangéliste et des trois Marie en présence desquels Il prononce ses dernières paroles.

Tous ces cortèges sont déjà loin quand nous arrivons; mais voici un peloton de cavaliers, suivi d'une musique militaire; des pénitents en longue robe noire, la tête coiffée d'une sorte de bonnet pointu d'un mètre de hauteur, la face entièrement voilée, à l'exception des yeux, viennent ensuite, tenant en main des torches allumées. Un immense brancard d'or apparaît, fulgurant sous la lumière des candélabres et les radiations électriques; sur ce char le mont

Calvaire et le Rédempteur crucifié; à ses pieds, debout, la Sainte Vierge et saint Jean; de l'autre côté, à genoux, sainte Marie-Madeleine; un peu plus loin, un soldat à cheval. Toutes les figures sont revêtues de robes de velours rouge, vert ou bleu, brodées en or avec une magnificence inouïe.

Il ne faut pas moins de vingt-cinq hommes, quelquefois trente, pour porter sur les épaules chacun de ces chars, plus splendides les uns que les autres. C'est chose curieuse de les voir s'avancer lentement, majestueusement, à la façon d'un nuage, sans que l'on puisse apercevoir comment ils se meuvent, n'ayant pas de roues, les porteurs sont dérobés aux regards par des draperies retombant jusqu'à terre.

Souvent la procession s'arrête : aussitôt, un homme du peuple, un enfant, profite du silence momentané pour chanter une sorte de mélopée en l'honneur du Christ souffrant et de sa Sainte Mère; on l'écoute religieusement; sa voix se fuse, se déploie et meurt en un trémolo grave d'une poignante mélancolie. Personne n'est surpris; de temps à autre, le verset est répété en chœur pendant que le chanteur disparaît acclamé par la foule, et cela à chaque halte nouvelle.

Un *pasos* s'arrête devant moi; des centaines d'hommes et de femmes s'agenouillent et prient avec une visible émotion; la même ferveur se manifeste chaque fois qu'une *Pietà* passe, ou tel Christ sculpté avec un art merveilleux dans le réalisme le plus tragique : cadavre pâle, muscles contractés, les plaies sanguinolentes, la face ensanglantée. Les plus grands artistes de l'école espagnole se sont appliqués et ont réussi à rendre avec une vérité, une sincérité terribles, leur conception de la scène du Crucifiement; cette vision empoigne la foule et fait jaillir de son cœur la prière, de ses yeux, les larmes.

L'examen des physionomies fait découvrir d'une façon certaine les impressions intimes qui classent les spectateurs en curieux, en sceptiques, en simples et vrais croyants. Le nombre de ceux-ci m'a semblé considérable; ils tombaient à genoux, se signaient, priaient et chantaient quelqu'un de ces versets lancés à pleins poumons d'une voix glapissante et plaintive, bien peu artistique, à mon avis, mais sincère et toute remplie de la pensée du mystère du jour.

Pour nous Européens, Français en particulier — nous sommes là en nombre — certaines parties du cortège sont loin de produire le même effet d'édification et de piété. Pourquoi? Est-ce parce que le Français aime à se poser en sceptique?... Pour quelques-uns peut-être, non pas pour nous et le groupe environnant; ce que je n'admettais point et qui gâte tout le reste, c'est le costume des pénitents: leur cagoule noire et leur capuce pointu font de chacun un spectre ambulant... On a beau se raidir contre l'obsession de ridicule, faire appel aux sentiments très dignes et nécessaires qu'exprime leur nom de Pénitents, invinciblement surgit le souvenir des astrologues et Nostradamus quelconques; le long bonnet pointu fait évaporer le recueillement pour installer à la place le rire irrévérencieux et des souvenirs de comédie.

— « Cela ne serait pas possible en France », — me disait mon compatriote, spectateur comme moi; et je le crois, parce qu'il y a une trop violente opposition — à nos yeux non espagnols — entre ceci et cela.

Ces défilés religieux sont assurément concertés avec le clergé, mais il n'y participe en aucune façon : ce sont des Confréries qui les préparent, les organisent, les exécutent en sortant de l'église où elles ont dressé leurs reposoirs ou pasos, pour aller à la Cathédrale par un parcours plus ou moins allongé, mais toujours en passant par la *Calle Sierpès*, la plus commerçante et la plus fréquentée de la ville.

La nuit du Jeudi au Vendredi Saint, les processions se continuent jusqu'au matin pour le plaisir des Sévillans et campagnards voisins, sans doute, mais non pour la joie des voyageurs, obligés de veiller particulièrement sur leurs montres, breloques et porte-monnaie : la moindre exhibition est dangereuse, car Séville sert d'appât aux pickpockets les plus rusés de France et de Navarre, et de beaucoup d'autres pays encore; chaque soir, ils font des rafles fructueuses, même dans les églises où *ces infidèles* se mêlent adroitement à la foule des fidèles! L'avis charitable : « Prenez garde aux voleurs! » a beau être affiché partout, en plusieurs langues, les contemplateurs admiratifs se font tout de même soulager de leurs bijoux pendant qu'ils ont la tête tendue vers quelque éblouissement.

C'est en effet chose éblouissante que ces monuments commémoratifs de la Passion, ouvragés et sculptés, étincelants de dorures, fleuris avec le mauvais goût espagnol, mais éclairés de magnifiques flambeaux d'argent aux formes archaïques. Chacun a son dessin, ses complications, son ornementation qui le distingue et donne au spectateur la satisfaction d'une variété harmonieuse dans la richesse des décors. Les personnages sont tous l'œuvre d'artistes incontestés; bon nombre sont des chefs-d'œuvre de grands maîtres. Montanès a appliqué son génie au Christ flagellé de l'église de la Fabrica de Tabacos, au Crucifiement merveilleux de naturalisme, de la paroisse Saint-Sauveur; au Rédempteur portant sa croix; au groupe de la Sainte Vierge et Saint Jean des confrères de Saint-Laurent, et surtout aux Vierges qu'il a reproduites sous des titres divers sans se répéter jamais.

Le groupe de Jésus agonisant au Jardin de Gethsémani, fortifié par un Ange, et à quelques pas les Apôtres Pierre, Jacques et Jean, admirable d'expression, est de Roldan; sa fille Luisa, familièrement connue

LA PROCESSION DU VENDREDI SAINT A SÉVILLE. (P. 80.)

sous le nom de la Roldana, ne le cède point à son père par la délicatesse, l'énergie, la noble attitude de la Madeleine et des trois Marie, aussi bien que par la céleste beauté de ses figures d'Anges.

Je n'ai pu regarder sans attendrissement l'Eglise, représentée par une femme endormie au pied de la Croix, vêtue de noir, l'étole violette au cou, recevant sur la tête le sang qui s'échappe de la blessure du Christ...

Toutes les scènes de la Passion du Sauveur et les Mystères Douloureux de la vie de la Sainte Vierge sont ainsi placés sous les yeux d'une façon naturelle et frappante pendant cette grande semaine : la Mère de Dieu, dans ses diverses attitudes, est constamment abritée sous un riche baldaquin, assez semblable au dais employé pour le Saint-Sacrement aux processions de la Fête-Dieu, tandis que les détails de la Passion sont simplement campés sur un char et développés librement. Quelques-uns sont de pures merveilles; les Maîtres qui ont peint les statues se sont efforcés de se surpasser l'un l'autre et de donner une série d'œuvres magistrales.

Mais à peine a-t-on le temps d'examiner les traits, de scruter la pensée personnelle du sculpteur, de la comprendre et de conclure que Marie, par exemple, est représentée dans telle angoisse, à tel moment du Sacrifice de son divin Fils et de son propre Sacrifice, que les yeux prennent la place de la pensée et se fixent dans un ravissement sur le manteau de la Vierge qui s'étend jusqu'au bout du *pasos*, chatoyant, splendide, royal, dans l'étincellement des pierres précieuses, des broderies d'un travail et d'une splendeur qui donnent une haute idée de la générosité des Confréries et de la piété espagnole envers la Mère de Dieu.

Quarante reposoirs, tous plus riches les uns que les autres parcourent ainsi la ville du Dimanche des Rameaux au Samedi Saint; la plus imposante manifestation est celle du Vendredi soir; de quatre à huit heures, dix-sept chars avec leur cortège se succèdent sans interruption, se rejoignant à l'entrée de la rue ou *Calle de las Sierpès* pour se rendre à la Cathédrale en traversant la *Plaza* de la *Constitución* où tout le Séville élégant et aristocratique s'est donné rendez-vous, soit sur la *Plaza* même où des milliers de sièges sont installés, soit dans de somptueuses tribunes adossées au palais et dressées pour la circonstance. Le défilé, resserré dans l'étroite Sierpès, se déploie alors tout à l'aise et les spectateurs peuvent en admirer la magnificence.

Il arrive à la Cathédrale; les Pénitents la traversent sur deux rangs, secouent sur le pavé du temple leurs torches allumées, laissant après eux un chemin de cire fondue nullement agréable, je vous assure. Pourquoi cette malpropreté?... Tradition espagnole, et rien autre sans doute?...

———

IX

13 et 14 avril. — Le Jeudi-Saint à la Cathédrale de Séville. — Un évadé de l'école : S. Isidore. — La Giralda. — L'Alcazar et ses jardins, — Comment il nous fut impossible de saluer Murillo chez lui. — La rue Sierpès et les Andalouses. — Adieu à l'antique Bétis.

Jeudi Saint, 13 Avril.

A SEPT HEURES TRENTE, nous sommes à la Cathédrale pour assister à l'Office commencé depuis une heure. Les cérémonies de ce jour : Communion du Clergé par le Célébrant en mémoire de Jésus-Christ communiant ses Apôtres; Consécration des Saintes Huiles; Procession au Reposoir sont particulièrement intéressantes; la pompe déployée à Séville est un attrait de plus, sans parler du cadre magnifique où elles s'accomplissent.

L'Archevêque est accompagné de cinq prélats en chape et en mitre, entouré de nombreux chanoines, servi par toute une armée de clercs et de choristes, dont les mouvements précis, bien ordonnés, contribuent à la beauté du culte, non moins que l'ampleur, la richesse des costumes : chanoines en manteaux violets; porte-cierges en dalmatiques blanches et rouges, choristes avec diadème.

Les urnes remplies d'huile d'olive et de chrême pour la consécration et ensuite l'administration des Sacrements de Baptême, de Confirmation et d'Extrême-Onction dans le diocèse, sont des vases d'argent de forme artistique avec des anses aussi élégantes que fortes, destinées à soutenir un poids considérable; le transport et le déplacement, selon les exigences rituelles, en étaient confiés à des prêtres forts et qui visiblement peinaient pour les soulever.

A la fin de la Messe, le Saint-Sacrement est porté au Reposoir avec une majesté sans égale; toutes les Confréries d'hommes, le clergé, les hauts dignitaires et enfin Monsignor Almarez y Santos, abrité d'un dais somptueux, tenant sous un voile orné de pierreries, l'Hostie Sainte réservée pour l'Office du lendemain, se dirigent processionnellement vers l'autel préparé derrière la Capilla Mayor; le défilé ne dure pas moins de vingt minutes. La flamme mouvante de tant de cierges précédant Celui qui est la Lumière du monde; les chants graves du *Pange Lingua*, scandés comme une marche lente et sacrée à travers la foule recueillie; l'ascension au Reposoir au milieu de cercles de feu formés de la base au sommet par des milliers de bougies, à une hauteur de plus de trente mètres; tout, dans cette matinée, était fait pour donner une impression profonde de la beauté du culte catholique qui met ainsi toutes les magnificences de l'orfèvrerie religieuse et de l'art musical aux pieds du Christ Eucharistique.

Les silences mêmes ont leur signification; chacun sent que les voix se taisent pour laisser parler les âmes, dans les joies et les hosannas de la reconnaissance, ou dans les plaintes, les déchirements secrets, les cris intérieurs et les émotions violentes et intimes de la prière.

Nous n'avions pas à ce moment la pensée de regarder le monument lui-même, mais nous l'avons ensuite parcouru en tous sens. Comme à Cordoue, il faut d'abord traverser un *Patio de los Naranjos* — une cour des orangers — au milieu, la fontaine des ablutions, car ici encore, nous sommes au vestibule d'une mosquée. La *Puerta del Perdon* qui donne accès à cette cour est du plus pur style mauresque; c'est, avec le mur crénelé qui enserre l'immense édifice, ce qui reste de la civilisation arabe en cet endroit.

A l'époque de la conquête, Séville possédait quinze mosquées : les chrétiens en prirent onze, ils en abandonnèrent trois aux Juifs et une aux musulmans; la grande mosquée, construite en 1171, égalait celle de Cordoue en magnificence, et jusqu'au quinzième siècle les vainqueurs se contentèrent de célébrer leurs offices dans ses murs, après l'avoir purifiée et dédiée à *Santa Maria de la Sede.*

Mais un tremblement de terre en ayant ébranlé les bases, le Chapitre de la Cathédrale, dans une délibération mémorable, prit, en 1401, la résolution épique, non de restaurer et de mutiler le monument comme leurs confrères de Cordoue, mais de le reconstruire totalement « *Fagamos un templo tal que nos tengan por locos* ». — « Faisons un temple tel qu'à sa vue on nous tienne pour fous », — dirent les Chanoines; et ils abandonnèrent aux architectes leurs copieux revenus. Tout Séville les acclama, et suivit anxieux l'œuvre de gloire qui dura un siècle.

Extérieurement, avec son mur crénelé et ses dimensions immenses — deux cents mètres de long sur quatre-vingts de large — elle a l'aspect d'une forteresse; mais à l'intérieur, elle est si légère, si splendide et si simple que ni Cologne, ni Milan, ni Rouen, ni aucune église gothique ne produit l'effet écrasant de la Cathédrale de Séville; c'est la plus grande de l'Espagne, c'est aussi l'une des plus belles.

Des piliers formés de faisceaux de colonnettes de trente mètres de hauteur la partagent en cinq nefs qui ont toutes, dans leurs propor-

CATHÉDRALE DE SÉVILLE. — FAÇADE EST. (P. 84.)

tions différentes, un air grandiose. La grande nef a quarante mètres d'élévation et seize de largeur; au reste, tout est énorme dans cet édifice. J'avais entendu dire que le cierge pascal est long et gros comme un mât de vaisseau, il faut en rabattre si nous parlons des vaisseaux actuels : quant à comparer le chandelier de bronze qui le porte à une sorte de colonnne Vendôme, c'est l'illusion d'un poète toujours prêt à voir grand. Il n'est pas moins vrai que ce cierge pèse plus de deux mille livres; que la consommation d'huile d'éclairage et de cire dans ce monument unique dépasse vingt mille kilos; que le vin nécessaire à la célébration des cinq cents messes qui se disent chaque jour aux quatre-vingts autels, s'élève au chiffre effrayant de dix-huit mille sept cents litres.

Le sanctuaire, puis le chœur sont de pures merveilles, les stalles sculptées — cent vingt-sept — de style gothique, surmontées de tourelles terminées en flèches, les files de statues, les superpositions d'étages avec leurs centaines de colonnettes; le pupitre colossal destiné à supporter les deux cents livres de chant que malmènent si fort les choristes : aucune collection d'antiphonaires, pas même celle de l'Escorial, ne vaut celle-la. Les plus anciens de ces gigantesques volumes — quinzième siècle — sont ornés de miniatures délicieuses; les orgues monumentales jettent par leurs tuyaux, gros comme des canons de siège, des torrents d'harmonie qui vont se perdre jusqu'aux extrémités; les grilles de cuivre argenté, tout, en un mot, révèle une série de chefs-d'œuvre; l'abondance des ornements ne surcharge aucune de ses parties. Si, comme par toute l'Espagne, un chœur fermé n'obstruait le vaisseau central, l'immensité de l'édifice causerait de la stupeur! Cependant, son austérité n'a rien de farouche, ses lignes sont pleines de charme; elle verse dans l'âme une paix infinie.

Les autels du pourtour de la *Capilla Mayor* ont un caractère spécial, une beauté particulière; le ciseau de l'artiste les a fouillés avec une délicatesse inimaginable; les chapelles sont enrichies de tableaux de maîtres, de Zurbaran, d'Alonso Cano, des Herrera, de Goya, des plus grands noms espagnols, tel le Saint Antoine de Padoue, de Murillo, unique au monde. La Chapelle de San Pedro dans laquelle il se trouve est perpétuellement fermée, et on ne le voit plus aujourd'hui qu'avec autorisation et en compagnie d'un gardien. Jadis, la visite était libre, mais un vandale s'avisa de découper la tête du Saint et de la faire disparaître en l'offrant en Amérique à un amateur pour un prix minime; celui-ci eut la bonne pensée de la restituer à ses propriétaires, et il se trouva en Espagne un peintre assez habile pour refaire la soudure sans laisser aucune trace du méfait.

Au chevet de l'Est, la *Capilla real* occupe l'extrémité des trois nefs centrales; devant le maître-autel, le corps du roi Saint Ferdinand repose dans une châsse monumentale de bronze, d'argent, d'or et de cristal; le grand reconquérant de l'Espagne est vêtu de son harnais de guerre damasquiné et dans un état de conservation tel qu'on le dirait endormi. Au jour de sa fête, les troupes espagnoles défilent devant le corps exposé avec son pennon et sa vaillante épée. Un autre tombeau renferme les restes de Dona Béatrix, sa femme, et sur les côtés, ceux d'Alphonse X, son fils, et de Marie de Padilla, favorite de Pierre le Cruel.

Il faudrait un temps infini pour examiner en détail les sculptures, les orfèvreries, les tableaux qui ne laissent pas le plus petit espace libre; toutes les écoles ont rivalisé de génie pour la plus grande gloire de Séville.

L'un des plus vifs agréments de cette excursion à travers l'Espagne, c'est, en regardant un monument, un tableau, un tombeau quelquefois, de revivre tout à coup les heures historiques du passé dont on a sous les yeux le témoignage. Devant les toiles de San Isidro et San Léandro, dues au pinceau du plus grand des peintres sévillans, — Murillo — comment ne pas se souvenir de la domination visigothe et arienne, de la conversion au catholicisme du roi Herménégilde, martyrisé par son propre père Léovigilde, puis du triomphe de la vérité avec Récarède sous l'impulsion de ces trois frères si savants, si saints: Léandre, Isidore et Fulgence?

Elu évêque de Séville dans la seconde moitié du sixième siècle, Léandre créa, à l'ombre de sa métropole, une école destinée à propager, en même temps que la foi orthodoxe, l'étude des sciences et des arts. Parmi les nombreux élèves qu'il sut y attirer figuraient ses neveux, Herménégilde et Récarède; l'aîné abjura l'arianisme et fut confirmé dans la foi de Nicée par les conseils de son oncle, et l'héroïsme d'Ingonde, fille de Sigebert, et de la célèbre Brunehaut qu'il avait épousée.

Exilé à Byzance par le roi arien son beau-frère, Léandre en fut rappelé pour voir Léovigilde détester l'hérésie à son lit de mort et recommander à son fils et successeur Récarède, d'embrasser la religion chrétienne. Au troisième concile, tenu à Tolède en 589, le jeune roi déclarait que l'illustre nation des Goths revenait à l'unité de l'Eglise, et demandait à être instruite dans toute l'orthodoxie de la religion catholique; lui-même remit entre les mains des évêques présents, sa profession de foi écrite de sa main, avec celle de huit évêques ariens, de sa noblesse et de tout son peuple.

Léandre, le cœur inondé de joie, mourait en paix en 596, laissant à son jeune frère et disciple le soin de continuer son œuvre.

La grande figure d'Isidore est particulièrement attachante. Instruit dès sa petite enfance à l'école de son frère l'archevêque qui l'aimait comme un fils, Isidore, malgré toute son application, apprenait difficilement et retenait plus mal encore. Un jour, craignant les corrections énergiques de Léandre, toujours très sévère à son égard, il s'enfuit. Sa course à l'aventure, à travers la campagne, épuisa ses forces, et, exténué de fatigue, le jeune écolier s'assit près d'un puits; ses yeux regardaient avec curiosité les sillons creusés sur la margelle : qui pouvait l'avoir ainsi travaillée?... Sa petite tête cherchait en vain l'explication... Soudain, une femme venue puiser de l'eau s'approche de l'enfant; frappée de sa beauté et de son innocence, elle allait le questionner, quand le premier, après l'avoir saluée, il lui demanda :

— « Savez-vous, Madame, qu'est-ce qui a pu ainsi creuser la pierre? »

— « Assurément, mon bel enfant, c'est la corde qui descend et remonte le seau. »

— « Comment cela? je ne comprends pas; la pierre est beaucoup plus dure que la corde! »

— « Vous avez raison; mais la corde passe et repasse sans cesse au même endroit, et vous voyez, elle finit par y laisser une trace sensible. Regardez-moi faire, et vous allez vous en convaincre tout de suite ».

Et elle descendit son seau, le retira plein devant l'enfant étonné qui s'écria joyeux : « Ah! je vois maintenant ce que je ne devinais pas : merci! »

Il n'en fallut pas davantage pour faire rentrer en lui-même le naïf Isidore, qui se dit : « Mon esprit finira bien aussi par subir l'empreinte de l'enseignement, en se frottant sans cesse aux leçons et aux devoirs qui me seront imposés! »... Et il quitta la campagne qu'il aimait tant, pour revenir à l'école qu'il n'aimait guère, chez son grand frère qui le tint plus étroitement encore; et éveillant son intelligence, fit de lui l'homme le plus docte de son siècle, à la fois grammairien et philologue, théologien et exégète, musicien et architecte, l'un de ceux qui ont le plus travaillé au bien temporel et spirituel de l'Espagne wisigothe. C'est lui, Isidore de Séville, le grand docteur qui a tant écrit et de si beaux livres, — toute une encyclopédie — qui, non content de propager les écoles et l'enseignement des langues latine, grecque et hébraïque, avec la littérature et la philosophie et toutes les autres sciences, fut le créateur de cette liturgie espagnole si poétique et si imposante. Sous le nom de Mozarabe, elle survécut à la ruine de l'Eglise wisigothe, et mérita d'être ressuscitée par le grand Ximénès. Nous avons, on s'en souvient, tenu à lui rendre hommage en passant à Tolède.

C'est ainsi qu'un regard aux toiles de la *sacristia mayor* fait surgir la première gloire de ces écoles de Séville, si célèbres pendant tant de siècles, en même temps qu'il évoque les richesses les plus incontestées de l'art avec les noms des grands artistes qui, formés à l'école de peinture et de sculpture fondée par l'illustre archevêque,

LA GIRALDA A SÉVILLE. (P. 90.)

fut à l'époque de la Renaissance, l'une des plus brillantes du monde entier.

Toutes les civilisations ont passé en Espagne et ont laissé leur trace: allons saluer un témoin qui n'a nulle part son semblable: le minaret de l'ancienne mosquée, aujourd'hui clocher de la cathédrale, connu dans l'univers sous le nom de « Giralda »!

Dans la belle cour mauresque — des Orangers, — l'harmonieux clocher-minaret ravit par le charme de ses proportions, la gaieté de ses couleurs, sa symétrie presque occidentale. Cette tour mauresque, avec couronnement Renaissance, porte à près de cent mètres de hauteur la statue colossale de la *Foi*, tenant en main le *Labarum* — poids : quinze cents kilos — si bien posée en équilibre qu'elle tourne au souffle du vent; de là son nom : Giralda, girouette.

L'an mille, deux cents ans avant la mosquée disparue, elle fut bâtie par l'architecte Gueber, l'inventeur de l'algèbre à laquelle on a donné son nom; ce minaret à la fois massif et léger servait d'observatoire aux Arabes; les fenêtres géminées, surmontées de l'arc en fer à cheval, lui donnent une rare élégance, et le mariage des colonnettes blanches des galeries à la brique rose des murailles est si réussi, que la vieille tour semble toujours jeune dans ses arêtes vives, sous la lumière de ce beau ciel d'Andalousie qui n'altère point les monuments. Devenue beffroi de la Cathédrale, il ne faudrait pas approcher ses oreilles trop près de son carillon, sous peine d'être assourdi, quand elle envoie sur Séville et sur les campagnes les magnifiques sonorités de ses cloches.

Les Sévillans sont fiers de leur campanile et quand au seizième siècle, Fernan Ruiz le restaura, ils voulurent y contribuer de leurs propres deniers. A l'intérieur, un chemin en spirale à pente douce assez large — deux cavaliers pourraient y passer de front — permet d'accéder sans fatigue à la plate-forme et de se donner la jouissance de voir à ses pieds : la grande ville aux blancheurs de marbre dont les clochers sont impuissants à rivaliser avec la Giralda; le Guadalquivir, qui déroule au sud son large ruban, moiré par le mouvement des eaux; la campagne, toute fleurie des innombrables orangers, citronniers, grenadiers qui la parfument; dans le lointain, les Sierras nettement découpées, nuancées d'admirables teintes roses, violettes ou foncées selon la distance et les ombres, forment un tableau dont la mémoire garde l'empreinte pour toujours. Où trouver ailleurs plus de monuments historiques, une ville plus animée, plus gaie, plus rieuse, une campagne plus riche, fécondée par un plus beau fleuve?

L'Alcazar est tout près de là.

Palais et forteresse des rois maures, il présente dès la porte cette complication d'arabesques, cette richesse de feuillages et de ciselures devant lesquels on s'arrête involontairement, comme s'il était possible de découvrir la racine, de démêler les détails, d'analyser les caprices de toutes ces floraisons. Il ne faut pas s'arrêter aux portes cependant, elles ne sont qu'une invite et une enseigne, si l'on ne veut pas regretter ensuite le temps perdu. L'architecture mauresque est, en effet, très attachante par elle-même, elle a planté sur ce sol d'Espagne des édifices qui ne sont plus grecs, romans, ou gothiques, elle a révélé un style nouveau, des idées à elle pour réaliser ou le solide, ou le beau, ou le grandiose; mais l'ornementation tranche plus fortement encore que tout le reste sur nos habitudes européennes; l'emploi des émaux, des briques vernissées et coloriées, la profusion des dessins géométriques ou fantaisistes d'une incroyable variété; la délicatesse, l'élégance, l'harmonie impeccable, l'ajustement de chaque chose, tout constitue un inédit qui éblouit ou subjugue, qui force l'admiration parce que la perfection des mille particularités s'applique, sans défaillance, à des monuments vastes comme cet Alcazar.

Don Pedro le Cruel adorait Séville; il résolut de restaurer, de modifier, d'agrandir cette petite merveille pour abriter ses folies : dans ce but, le roi de Grenade lui envoya un architecte et d'habiles ouvriers qui le réédifièrent dans le plus pur style andalou. Au siècle dernier, le duc de Montpensier surchargea les décorations primitives, mutila d'anciens stucages, rajeunit certaines dorures, ce qui donne à quelques parties un éclat trop brillant.

Au premier étage, les murs sont couverts d'arabesques; une inscription gothique apprend au voyageur que ce palais fut élevé par Don Pedro en 1364; au-dessous, des textes arabes chantent la gloire d'Allah! Une loggia légère, décorée d'un brocart de gypse, soutenu par de graciles colonnettes court le long des fenêtres ajimez, — *à arc double ou triple.*

Tout palais arabe comporte un patio central entouré de salles. Le *patio de las Doncellas*, ou des Captives, — les interprètes assurent que l'émir de Séville les réunissait dans cette cour avant de les envoyer à son suzerain de Cordoue — donne sur le *dormitorio de los reyes* et sur le salon de Charles-Quint. Cinquante-deux colonnes de marbre blanc appariées l'entourent, supportant des arcs dont la courbe gracieuse est rendue plus svelte encore.

Au centre, une porte donne accès au Salon des Ambassadeurs; sur les chambranles, les ouvriers de Tolède attestent qu'ils firent cette porte en 1404 pour le « *Sublime Sultan don Pedro, roi de Castille et de Léon* ». Des textes du Coran avoisinent des passages des Psaumes et le commencement de l'Evangile de saint Jean, mélange confus qui répond bien à l'état d'âme de ce « *Sublime Sultan* ».

Le salon est carré, — douze mètres de côté; — sa voûte en *media naranja*, — moitié d'orange, — repose sur un entablement de stalactites dorées; le plafond en bois de mélèze est incrusté d'ivoire, les murs, délicieusement ouvrés d'une fine guipure, rivalisent avec l'Alhambra de Grenade pour la fraîcheur, la délicatesse, la beauté! C'est une féerie du plus merveilleux décor. Il semble qu'une imagination créatrice a eu à son service et mis en œuvre toutes les manifestations de la richesse et les ressources du savoir pour honorer ceux que le Kalife daignait recevoir en audience.

Notre guide nous raconte à sa manière qu'un jour Don Pedro reçut *là* le fameux roi de Grenade *Abu-Sahid,* connu sous le nom légendaire de *roi rouge* à cause de ses cruautés. — « Pour acheter l'amitié du roi de Castille, dit-il, ce prince arrivait chargé de joyaux et brillamment escorté ».

— « La précaution était bonne; il avait à se méfier d'un homme comme Pedro! »

— « Il ne fut pas encore assez prudent, vous l'allez voir. L'accueil est cordial; après les premiers épanchements, l'escorte est remisée dans les faubourgs, et le roi retenu à dîner à l'Alcazar. Au cours du festin, Abu-Sahid et ses cinquante compagnons sont prestement ligotés et jetés aux oubliettes. »

— « Ah! voilà bien un procédé qui caractérise un homme. Tous disparus instantanément, vous croyez? »

— « Tous! excepté le *sultan rouge* que Pierre le Cruel fait extraire du cachot, parer d'écarlate, monter sur un âne, et conduire au champ de Tablada où il est achevé à coups de lance. »

— « Je sais qu'Abu-Sahid, exécré des Grenadins, méritait un châtiment, ne fût-ce que pour avoir massacré le bon Mohammed V, allié du roi de Castille, dont il usurpa le trône; mais cette félonie n'est pas excusable. »

— « Mais, Monsieur, les rois peuvent agir à leur guise; ils n'ont pas de juge. »

— « Vous vous trompez, mon ami, ils ont la nation tout entière et par-dessus tout, ils ont le Juge souverain et équitable, le Juge des rois et des peuples : Dieu! »

— « Oh! Don Pedro ne s'en inquiétait pas outre mesure, il avait bien d'autres crimes à son actif; dès le lendemain de ses noces, n'avait-il pas fait égorger sa femme, la douce Blanche de Bourbon, pour satisfaire les caprices de « la Padilla »?... Sa haine assouvie, il s'empare des bijoux de son rival, garde les uns, distribue les autres. Il y avait un rubis énorme, éclatant; Pierre le Cruel l'offrit au Prince Noir, après la bataille de Navarette; il orne aujourd'hui, paraît-il, la couronne d'Angleterre. »

C'est dans le patio voisin, le *patio de las Muñecas,* — des Poupées,

— le bijou de l'Alcazar, que *le Cruel* fit tuer son frère don Fabrique.

Nous passons d'étonnement en étonnement, d'admiration en admiration: les salles voisines du *patio de las Doncellas* éblouissent à tel point, que nous n'avons plus de termes pour exprimer le charme qui nous envahit de toutes parts; nous croyons rêver! L'art semble n'avoir jamais produit rien de plus exquis que ces voûtes ajourées, ces fines dentelles, ces ravissantes broderies, ces mosaïques, ces rosaces, ces caissons aux soffites dorés, ces marqueteries d'ébène, de mélèze, incrustées de nacre, d'ivoire, etc... marque indélébile de civilisations disparues.

Après l'harmonie des couleurs et des broderies, la symphonie des parfums, un escalier de marbre conduit à une galerie voûtée et éclairée par un demi-jour où des bassins reçoivent en un mince filet, l'eau qui entretient la fraîcheur. Avec une sorte de saisissement, on débouche dans les jardins tant vantés du Palais maure; quoique mutilés et négligés, ils restent quand même une beauté appréciable dans ces climats méridionaux, où le soleil est un tyran qui fait sentir lourdement sa puissance pendant une bonne partie de l'année. Le parfum des orangers, les fleurs des magnolias, les palmiers ombrageant les fontaines, sont une jouissance apaisante aux yeux et à l'esprit. Une tentation obsède en parcourant les parterres fleuris : celle de cueillir quelques roses épanouies; mais la vigilance des gardiens refrène cet appétit de *fruit défendu;* les recherches de coins solitaires, les petites stratégies d'honnêtes voleurs devenaient inutiles.

Ces jardins si beaux, si vastes, ne sont pourtant qu'un vestige de ce qu'ils furent au temps des Sultans; ils se prolongeaient jusqu'au Guadalquivir couvrant l'étendue des terrains occupés par la Manufacture de Tabac, le palais de San Telmo au duc de Montpensier et le paseo de Christina, promenade favorite de l'aristocratie sévillane. A cette époque, Séville était assez peuplée pour laisser partir, sans s'appauvrir, trois cent mille Maures qui préférèrent l'exil à la domination du vainqueur.

Don Pedro I de Castille avait choisi l'Alcazar pour sa résidence habituelle, des appartements étaient aménagés à l'orientale pour lui, et aussi pour la belle Maria de Padilla. Dans les allées des jardins où la favorite aimait à se promener, des briques posées à plat, remplaçaient les rugosités du sable qui meurtrissait ses petits pieds délicats au sortir du bain. On remarque dans la brique quantité de petits trous garnis de viroles en métal; ce sont de petits jets d'eau qui, à certains moments, transforment, de la façon la plus inattendue, en mille sources jaillissantes les allées de ce Paradis. Nous n'eûmes point les agréments — ou les inconvénients — de ce spectacle, mais une bonne averse, survenue tout à coup, nous fit voir que les nuages n'oublient pas non plus d'arroser les jardins de l'Alcazar.

Les galeries de Don Pedro, si commodes et même si belles qu'elles soient, servent fatalement à mesurer, par comparaison, la distance entre le style mauresque et le style renaissance : celui-ci n'arrive

L'ALCAZAR DE SÉVILLE. — FAÇADE ARABE. (P. 90.)

pas, à beaucoup près, à la délicatesse, à la variété, à l'éclat de l'autre; mais disons à l'éloge de don Pedro qu'en somme il n'a pas trop modifié, dans l'essentiel, l'allure du vieux Palais des Kalifes. Charles-Quint faisait des fautes plus regrettables par sa manie de bâtir à côté ou au milieu des constructions arabes qu'il saccageait, enlaidissait sans pitié; nous devions en être témoins à Grenade. Ici même, cette incomparable salle des Ambassadeurs a été touchée par ce mauvais goût; je n'oserais affirmer qu'elle en est défigurée, parce que, après tout, il ne s'agit que d'un détail, mais on ne peut dire que le portrait des rois d'Espagne, depuis les premiers temps de la monarchie jusqu'à nos jours, soit un embellissement, et quand même chaque médaillon serait un petit chef-d'œuvre, la logique redit, impitoyable, le *Non erat hic locus* des Latins: « Ce n'était pas le lieu!... c'est ailleurs qu'il fallait appliquer cette idée ».

En ville, tout est en fête; le temps laissé libre par les processions religieuses est consacré à la visite des Reposoirs; Séville est dans les rues, nous pouvons voir, dans la pureté de son type, la vivacité de son allure, la grâce de sa démarche, la véritable Sévillane.

Sur les cheveux noirs d'une abondance, d'une opulence sans pareille, chez le petit trottin aussi bien que chez l'élégante qui veut voir et se faire voir, la Sévillane porte en diadème un peigne aux incrustations d'or et de nacre, — quelquefois, dans les hautes classes, la monture est entièrement en métal précieux, — par-dessus, la mantille, la riche et élégante mantille, la plus ravissante coiffure que je connaisse, est posée, rejetée en arrière, retombant en festons sur les côtés; parfois elle est blanche, le plus souvent elle est faite de soie noire. Sous la chevelure et sous la mantille, s'encadre un visage d'un ovale admirable au teint blanc, coupé de deux lèvres minces très colorées; sous le front de marbre brillent deux yeux noirs aux regards de feu; les longs cils tamisent et amortissent un peu ces rayons qu'on dirait allumés au soleil d'Afrique.

De fait, il y a quelque chose d'Arabe et de sauvage dans ces attachantes physionomies. La fille du peuple a gardé le goût natif de sa race pour les couleurs violentes, et c'est plaisir de la voir cheminer, parée de vert, de rouge, de jaune, de blanc comme une orientale; mais les autres plus fortunées, vêtues de robes de velours noir ou de dentelle, ne le cèdent en rien pour l'expression du type: une fine chaînette d'or entoure le cou et va retenir sur la poitrine une large médaille de même métal. Il est difficile de ne pas remarquer la finesse des mains, la petitesse des pieds chaussés de satin qu'une rosette de ruban suffit à couvrir.

Après dîner, malgré la fatigue, nous retournons à la Cathédrale pour y entendre le magnifique *Miserere* d'Eslava, chanté par près de quatre cents voix; commencé à neuf heures, il ne se termina qu'à onze heures du soir; c'est une œuvre magistrale qui me réconcilia avec la musique espagnole que je trouvais pauvre et nonchalamment exécutée.

Vendredi-Saint, 14 Avril

Après l'Office du matin, célébré avec pompe comme la veille par Monsignor Almaras y Santos et dans lequel nous remarquons que le clergé fait l'Adoration de la Croix pieds nus, nous allons voir les principaux quartiers de la ville. Nous tenons d'abord à saluer Murillo chez lui, dans le Musée où une salle entière, nous dit-on, est consacrée aux œuvres du grand peintre; ce n'est pas très loin de la place San Fernando et avec quelques indications, nous y parvenons aisément. Voici le Maître qui se dresse en un bronze immortel, dans une pose gracieuse, sur la place qui précède. Dieu sait que nous ne sommes pas peintres, mon ami et moi; nous n'avons peut-être pas même au coin des yeux ce rayon visuel d'artiste amateur, qui discerne d'un coup d'œil sûr la vraie et immuable beauté, de tout le convenu, l'outré, la fausse beauté de vogue et d'école; mais un goût décidé m'était resté pour le grand peintre sévillan, de la première toile que j'avais vue : — « Le petit mendiant assis au bord du chemin, chemise décolletée, si fort occupé à massacrer ses puces ». — La sincérité et la simplicité, la couleur et les ombres, l'attitude et l'âge du garçonnet; tout dans ce tableau m'avait séduit, je prenais place désormais, pour toujours, parmi les amis et admirateurs de Murillo. Cette visite était donc escomptée d'avance.

Le Musée occupe l'ancien couvent de *la Merced.* En Espagne comme en France, je le vois, les Religieux ont souvent, je n'oserais dire, travaillé pour le roi de Prusse, mais bâti pour des spoliateurs. Le *sic vos non vobis* de Virgile est une petite — ou plutôt une grosse — malhonnêteté, d'usage courant dans les révolutions politiques : les religieux n'y sont pour rien, loin de là! mais c'est chez eux qu'il faut chercher les premières victimes. L'Eglise est le rempart de l'ordre: les religieux sont l'avant-garde de l'Eglise, à eux les premiers coups. Nous avons vu en France tant de monastères saccagés, de couvents volés, que nous ne sommes pas trop étonnés de voir que l'Espagne ait subi à ses heures, cette fièvre révolutionnaire, et qu'il en reste, çà et là, quelques traces.

Quoi qu'il en soit, nous voici devant le Musée et pas une porte n'est ouverte! Pas de gardien, pas de concierge, pas âme qui vive! Nous tournons et retournons nos inspections, à droite, à gauche, rien!... impossible de pénétrer, ni de parlementer, ni d'être renseigné: il n'y a personne autour de nous, aussi loin que plonge le regard. De guerre lasse, nous entrons dans une cour; un homme se présente : à nos explications, il comprend notre désir : « Le Musée est fermé les trois derniers jours de la Semaine Sainte! » dit-il

Je ne saurais assez dire le chagrin de notre déception : s'être fait une fête de savourer les vingt-quatre toiles réunies là, spécialement le « Saint Thomas de Villeneuve » qu'il appelait son chef-d'œuvre; puis découvrir si les Zurbaran, les Alonso Cano, les Pablo Cespédès, les Roëlas, les Herrera et les autres, ne souffraient pas

ANDALOUSES. (P. 95.)

trop du voisinage, et tout à coup être privé de cette bonne fortune par la fermeture imprévue du Musée, le regret en est cuisant et laisse maussade un bon moment.

La flânerie dans les petites rues en lacet finit par nous dérider. Des maisons anciennes, au cachet arabe, se mêlent aux modernes polychromées, et forment un contraste plaisant, quoique violent : des balcons vitrés en saillie sur la rue, des *miradores*, comme on dit là-bas, donnent un petit air coquet souligné par les fleurs et les draperies. Mais le charme de cette « Reine de l'Andalousie » est tout entier dans la vie intime de ses habitants. Regardez, par les grilles légères, ou les portes ouvertes, les luxueux patios qui abondent, ici plus encore qu'à Cordoue; quel heureux mélange de fleurettes de toute sorte, disposées gracieusement au pied des orangers, des citronniers qui vous présentent leurs fruits d'or; des bananiers et des palmiers ombrageant les fontaines, pendant que les jasmins courent le long des colonnettes de marbre et que les roses odorantes s'épanouissent au milieu de bosquets d'œillets embaumant l'air de leur parfum. Quelle animation le soir, quand la famille se réunit dans cette cour où l'éclat des lumières étincelle dans les glaces, les marbres et les mosaïques! L'eau des fontaines retombant en gouttelettes dans la large vasque, scintille de mille feux semblables à autant de diamants; la gaieté se développe alors librement et les salles s'emplissent de rires et de chants.

Pour être vrai, je dois ajouter que ces jardins fleuris sont cultivés autant pour orner la chevelure des jeunes filles que pour réjouir les parterres; il n'en est pas une, autant à Séville qu'à Cordoue et dans toutes les villes du midi de l'Espagne, qui ne porte une fleur à la tempe. Elles les cueillent, et d'un geste vif, les piquent avec un art souverain; les très pauvres se contentent d'un géranium; aux autres, il faut une rose ou un œillet; mais jamais, elles n'iront, sans cette parure, à la *corrida*, — course de taureaux. — Cette fleurette ajoute du reste à leur élégance et va bien avec la ravissante *mantilla* que les Sévillanes ne devraient jamais quitter.

Nous aboutissons à la *Calle de las Sierpes*, le boulevard des Italiens de là-bas; c'est, je l'ai dit, la plus centrale, la plus mouvementée, la plus curieuse des rues de la cité; là, est concentré tout le commerce; tous les marchands et les marchandises s'y trouvent : orfèvrerie, librairie, bonneterie, pâtisserie, et autres. Il y a un va-et-vient si serré, si continuel de la foule, que pour avancer, il faut choisir le bon côté de la rue : à droite, l'aller; à gauche, le retour; si vous faites le contraire, si vous prenez le flux pour le reflux, vous serez tellement coudoyé, bloqué, arrêté, qu'il vous faudra bon gré, mal gré, abandonner la partie, renoncer au dessein de forcer le flot, louvoyer à travers la rue encombrée, pour atteindre l'autre trottoir et suivre le courant. Si l'on y veut flâner, regarder les magasins, il faut choisir les heures du matin pour cette promenade; l'après-midi et le soir, la foule est trop compacte, trop remuante.

Pas moyen aujourd'hui de faire la moindre emplette; c'est le Vendredi-Saint! Séville chôme; aucune boutique n'est ouverte : partout, des drapeaux en berne annoncent que le deuil de l'Eglise est celui de la nation. Le peuple afflue dans les sanctuaires, nous le constatons en en visitant cinq ou six d'un caractère spécial.

La *Caridad*, le plus intéressant établissement hospitalier de la ville, nous montre deux toiles : « Moïse frappant le rocher » et « la Multiplication des pains », ainsi que deux charmants médaillons du peintre sévillan : Saint Jean-Baptiste et l'Enfant Jésus.

Sur la place del Triunfo, la *Casa Lonja*, édifice carré, laisse entrevoir par la porte occidentale, son magnifique patio, si frais, si captivant, entouré de vingt arcades soutenues par des colonnes doriques et tout dallé de marbre noir et blanc, au milieu duquel s'élève une splendide fontaine. Un bel escalier conduit aux parties supérieures où se trouvent les célèbres archives des Indes — *el archivo de Indias*, souvent consultées par les savants.

La *Casa de Pilatos*, — maison de Pilate, — est, après l'Alcazar, le plus beau monument de l'architecture mudéjare au quinzième siècle. Construite, par ordre de don Enriquez de Ribera, marquis de Tarifa, au retour d'un pèlerinage en Terre-Sainte, elle fut destinée à reproduire, avec la plus stricte exactitude, la demeure de Ponce Pilate à Jérusalem; les divisions du palais du gouverneur s'y retrouvent : le « prétoire », le balcon, la colonne de la flagellation,... jusqu'au coq de saint Pierre, peint en haut du grand escalier. La splendeur du patio répond à la richesse de l'intérieur; entre les vingt-quatre colonnes de marbre blanc qui l'entourent, les bustes des Césars contemplent les quatre dauphins de la fontaine jetant la fraîcheur sur les bosquets du jardin.

Dans un autre genre, la *Fundicion de Artilleria* — Fonderie de canons, — outillée à la perfection comme les meilleures, les plus puissantes de France et d'Angleterre; le matériel est neuf, — il date d'hier — bien homogène, il n'a pas à se servir des vieilleries qui retardent chez les nations entrées beaucoup plus tôt dans le mouvement. C'est l'avantage des dernières venues dans le champ clos des affaires modernes.

La Fabrique de Tabacs, bâtisse énorme, sur les anciens terrains de l'Alcazar, a coûté près de dix millions. Une armée d'ouvrières est occupée chaque jour à préparer, avec une activité prodigieuse, les milliers de cigares et cigarettes livrés à la circulation; la langue travaille autant que les mains et le voyageur qui pénètre dans leurs salles est assourdi dès l'entrée par le vacarme du dedans. Ajoutez à cela la légèreté et le négligé du costume, l'attitude dégagée et hardie avec laquelle elles lancent la fumée du cigare qu'elles ont aux lèvres, et vous aurez le pittoresque du quartier.

Si la lassitude vous prend de regarder le long défilé des choses originales, des vestiges d'un passé intéressant, des monuments curieux, des chefs-d'œuvre de l'architecture, de la peinture, de la sculpture; si vous en êtes au moment psychologique où la tête ne veut plus se lever, ni les yeux se fixer sans souffrance, allez par la *Calle* des *Reis Catholicos*, vers le faubourg de Triana séparé de la ville par le Guadalquivir. Au soleil couchant, quand sa lumière d'un éclat adouci passe à travers les mâts et les cordages des bricks et des goélettes de commerce, stationnés en eau profonde, pour aller faire de chaque vague, de chaque mouvement des eaux, un miroir brisé où se reflètent et se multiplient ses feux, vous sentirez le bien-être, l'apaisement, le repos que produit instantanément la vue de ce grand fleuve, bien vivant, mais si paisible dans son cadre de beauté!

Sur la rive droite, à côté du hameau de Santiponce, on montre les restes de l'amphithéâtre d'Italica, rivale de l'ancienne Hispalis et patrie des empereurs Trajan, Hadrien et Théodose.

Pour nous, le dernier regard que nous donnons à cette Reine de l'Andalousie est un adieu; demain nous nous éloignerons pour ne plus la revoir, de l'antique Bétis qui a donné son nom à cette province de la Bétique, tant célébrée sur tous les modes, majeurs ou mineurs, par les historiens, les géographes, les poètes et ses heureux habitants. Les Vandales ont passé là et l'ont baptisée : Andalousie! On se souvient que les Arabes émerveillés de la quantité d'eau du fleuve, lui ont octroyé le nom qu'il porte : *Oued-el-Kébir-Guadalquivir*, le grand fleuve, nom qu'il mérite ici, mais qu'il justifie encore davantage dans son cours lent, paresseux, vers San Lucar et l'Océan.

X

15 avril. — Vers Malaga. — Avec Télémaque. — Dans la belle campagne andalouse. — Un train dans la boue. — Instructive rencontre. — Désert. — Le kilomètre fatidique.

Samedi, 15 Avril.

Nous voici en route vers Malaga : il est dix heures ; c'est une perspective de huit heures de voyage, en plein jour, sans trop de gêne espagnole, par la plus agréable température et dans ce mois d'Avril qui éveille l'idée de tous les charmes; vraiment nous ne sommes pas à plaindre! Et nous traversons cette contrée dont Télémaque, au dire de Fénelon, entendait avec tant de plaisir la merveilleuse description.

« Les hivers y sont tièdes et les rigoureux aquilons n'y soufflent jamais... Toute l'année n'est qu'un heureux hymen du printemps et de l'automne qui semblent se donner la main. La terre dans les vallons et les campagnes unies, y porte chaque année une double moisson; les chemins sont bordés de lauriers, de grenadiers, de jasmins et d'autres arbres toujours verts et toujours fleuris. Les montagnes sont couvertes de troupeaux qui fournissent des laines fines, recherchées de toutes les nations connues. Il y a plusieurs mines d'or et d'argent dans ce beau pays; mais les habitants, simples et heureux dans leur simplicité, ne daignent pas seulement compter l'or et l'argent parmi leurs richesses; ils n'estiment que ce qui sert véritablement aux besoins de l'homme ».

C'était l'âge d'or évidemment que décrivait là le bon Fénelon, mais les chemins de fer l'ont anéanti; pas partout cependant, les Andalous en ont retenu la tradition d'être heureux à peu de frais, ce qui est la *bonne marque* du bonheur. Comme à ces temps lointains, les arbres verts et fleuris ne manquent pas, ni la double moisson, ni la tiédeur des hivers; et que de pommes d'or en ce jardin des Hespérides!

La rapidité du train — oh! bien relative — ne permet pas de constater, comme l'a fait Fénelon, « que les femmes filent cette belle laine — de leurs mérinos — et en font des étoffes fines d'une merveilleuse blancheur; qu'elles font le pain, apprêtent à manger, et ce travail leur est facile, car on vit en ce pays, de fruits ou de lait, rarement de viande; qu'elles emploient le cuir de leurs moutons à faire une légère chaussure pour elles, pour leurs maris et pour leurs enfants; qu'elles font des tentes dont les unes sont de peaux cirées et les autres d'écorces d'arbres; qu'elles font et lavent tous les habits de la famille et tiennent les maisons dans un ordre et une propreté admirables. Leurs habits sont aisés à faire, car, en ce doux climat, on ne porte qu'une pièce d'étoffe fine et légère qui n'est point taillée et que chacun met à longs plis autour de son corps pour la modestie, lui donnant la forme qu'il veut. »

Le costume s'est un peu compliqué depuis, et il ne faudrait pas demander aux Andalouses d'aujourd'hui d'abandonner la robe joliment taillée et couturée, les petits tabliers de poupées et la gracieuse mantilla pour revenir à la pièce d'étoffe non ouvragée; ce serait trop exiger de ces belles et bonnes créatures, capables pourtant de toutes les vertus; la coquetterie a été inventée depuis lors, et je crois bien qu'elle a découvert et conquis la Bétique.

En quittant Séville, nous avons pris la gauche du fleuve, le laissant se promener à droite suivant ses caprices et sa fantaisie; les coteaux vêtus d'oliviers, les champs d'orangers se succèdent en contraste avec la plaine sablonneuse qui finit avant qu'on atteigne la charmante vallée d'Utrera, bordée de hautes collines avec de vieux châteaux en ruines. Ces castels des temps héroïques sont un des côtés pittoresques de la Péninsule; ils abondent dans le Nord aussi bien que dans le Midi, témoins de faits d'armes fameux pendant non seulement des décades d'années, mais pendant des siècles. Quelle merveilleuse épopée ils nous conteraient de la lutte contre le Sarrasin, de la reconquête, morceau par morceau, du sol natal de la patrie enfin libérée du joug musulman, si nous avions le loisir de les interroger, de les écouter! Quel pays fut jamais plus fertile en exploits guerriers, plus impatient de la servitude, plus résistant dans sa foi, dans sa langue, dans ses traditions? C'est une force et un honneur que nous ne méconnaissons pas; il y a plaisir à saluer d'un souvenir les bravoures sans pareilles, endormies avec les chevaliers, au pied de ces tours dressées fièrement encore sur les hauteurs comme des sentinelles exposées aux traits ennemis, mais toujours debout à leur poste de péril et de gloire.

La campagne continue d'offrir le spectacle d'une fertilité convenablement entretenue; il y a évidemment de la part des cultivateurs une somme de travail peu considérable, mais le sol, le climat, les eaux viennent au secours de leur nonchalance, et il faut quelque attention pour mesurer la distance qui reste entre cette culture et une bonne culture intensive et avisée, tant il y a de beautés étalées sous nos yeux. Nous sommes dans un des territoires les plus productifs, les plus riches, les plus renommés de l'Andalousie; va-t-il retrouver la qualité si délicate, si savoureuse de ses vins d'autrefois? Nous le souhaitons en faisant par la portière du wagon un signe amical de la main aux vignerons qui ne l'ont pas vu peut-être, et à coup sûr, pas compris.

Nous passons Utrera sans aller voir le denier de Judas que possède l'une de ses églises et nous continuons de courir vers Marchena. Un déluge d'eau tombée la semaine précédente a tellement détrempé les terres, que le sol s'est affaissé deux jours avant notre passage sous le poids d'un train de voyageurs : déraillement, locomotive renversée, voitures aux trois quarts brûlées et enfoncées dans l'eau et la boue; le plus triste c'est que l'accident causa la mort du chauffeur et du mécanicien et blessa bon nombre de personnes.

La vue de ce train, gisant comme un cadavre dans la campagne marécageuse, devenue presque une petite mer, n'est pas sans causer quelque émotion : où serions-nous si nous avions avancé de quarante-huit heures notre pointe sur Malaga?... Dans l'éternité, peut-être?... Cette rapide vision d'une catastrophe jette tout de suite en des pensées graves et mélancoliques... Je me souvins qu'au guichet de la gare de Séville, le distributeur de billets, en visant les nôtres, avait dit avec insistance : « *Trasbordo al kilometro 137.* — Vous descendrez au kilomètre 137, il faudra changer de train.

— « Pourquoi? »

— « La voie n'est pas libre à cet endroit, il y a eu un accident. »

Nous sommes loin pourtant de ce fatal numéro, puisque la borne de la voie indique le kilomètre 44; on ne nous avait pas prévenus de ce premier accident; un homme qui voyageait avec sa femme et son petit enfant — un mois — nous raconta comment cela s'était produit.

Cette petite famille, accompagnée du père et de la mère, me parut fort intéressante; outre la politesse avec laquelle ils nous avaient reçus à notre entrée dans leur compartiment, et les prévenances qu'ils ne cessèrent d'avoir pendant le voyage, le père parlait suffisamment le français pour que la conversation entre nous fût suivie; quand je vis que j'avais affaire à un esprit aussi cultivé que bienveillant, je ne me privai point de questions sur le côté économique du pays entrevu. La traversée de quelques petites rivières nous amène promptement à Osuna.

— « Cette ville, me dit-il, est l'apanage des ducs d'Osuna, et toute cette contrée est le domaine d'une des plus grandes et des plus riches familles d'Espagne. »

— « Est-ce que votre Grandesse se préoccupe suffisamment de rendre à la nature, à l'industrie, des services proportionnés à la richesse que lui assurent ses immenses domaines? »

— « Quelques-uns commencent à le faire, mais ce n'est pas le grand nombre, il s'en faut. »

— « Je suis convaincu que le devoir des riches est de s'occuper personnellement de leurs biens, de temps en temps au moins, et régulièrement; de contrôler leurs intermédiaires, d'aider aux travaux de voirie et de canalisation... »

— « Je ne comprends pas très bien ces mots. »

— « Ecoutez bien, s'il vous plaît, je vais parler moins vite. Votre pays manque de routes, de chemins dans la campagne; il y a trop d'eau à certains endroits, pas assez en d'autres. Les grands propriétaires devraient multiplier les voies de communication et aménager les cours d'eau ou les étangs. »

— « Cette fois, j'ai compris, merci, Monsieur; oui, c'est vrai, si les possesseurs de domaines s'occupaient des travaux que vous décrivez, les communes et les provinces les aideraient. »

— « Savez-vous s'ils s'appliquent à faire de bons logements, des maisons salubres, convenables, à leurs ouvriers et à leurs familles? »

— « Assez d'ordinaire, mais pas dans la campagne, au moment des grands travaux. »

La jeune femme était visiblement fière de voir son mari s'entretenir en français avec nous; quand son enfant n'absorbait pas toute son attention, elle écoutait, essayant de saisir quelques expressions, les répétant à son mari avec l'explication, heureuse quand il la félicitait.

Nous nous amusâmes à lui faire nommer en espagnol et en français tout ce qui passait sous nos yeux : arbres, fleurs, vignes, et même les nombreux taureaux élevés dans d'immenses pâturages, les chevaux au pacage, etc., etc.

La prononciation du mot : *taureau* l'étonna : « En Espagne, dit-elle, nous dirions ta-ou-re-a-ou!... » on sait qu'eux lisent ce mot comme ils l'écrivent : Toro.

Je fus arrêté dans ma conversation par la vue d'un groupe d'Aliborons dressant leurs longues oreilles au passage du train; impossible de trouver la traduction de leur nom; ce fut, en petit comité, l'histoire du chat de Tolède.

— « Je ne me souviens plus, dis-je, du mot espagnol par lequel on désigne un âne. »

— « *Ane!...* No comprendô, señor! »

Et tous se regardent, cherchant inutilement de quoi ou de qui il était question. Une idée subite me vint à l'esprit, vite, je prends un journal, un crayon, et sur le coin, je dessine l'animal aux longues oreilles, écrivant au-dessous : Ane! et je le tends à mon interlocuteur. Aussitôt, ce fut une explosion de rires.

— « Un *asno* », me dit-il, et tous se précipitent sur le journal.

Il ajouta : « On les appelle aussi *borricos* ».

— « En France, on les nomme familièrement *bourrique* ou *bourriquet*, mais plutôt quand ils sont vieux. »

Remarquant que la jeune mère essayait de lire le français : « Gardez la feuille, lui dis-je, si elle vous intéresse. » Avec le plus aimable sourire accompagné d'un geste enfantin : « Gracia, señor! » Ce fut son remerciement.

Désormais nous descendons vers la Roda pour y prendre la ligne de Cordoue à Malaga. La plaine est marécageuse, infertile; elle ne devrait pas être difficile à assainir, il me semble, en la coupant de canaux?... et pourquoi n'y pas planter à profusion l'eucalyptus qui absorbe tant d'eau pour sa rapide croissance? Peut-être à cause de ce que nous apercevons près *de Fuente de Piedra;* un lac salé de quatre à cinq lieues de tour; ces eaux salines sont mortelles à certaines végétations. Nous sommes précisément dans un coin de véritable steppe, sans eau, sans arbres, sans habitations. Sur une étendue de près de cinquante kilomètres, il n'y a nulle part d'eau douce, sinon dans les torrents, le Genil surtout. Les fonds sont remplis par des lagunes saumâtres aux rives argileuses, blanches de sel en été; on pourrait se croire dans les déserts d'Algérie ou sur les plateaux de la Perse. La culture y est impossible; elle ne reparaît qu'aux abords des fontaines qui donnent leur nom aux villages voisins, comme Aguadulce que nous venons de traverser.

C'est ainsi trop souvent dans l'Espagne : extrêmement montagneuse et de montagnes dénudées, il semble qu'elle doive, ici et là, payer la rançon d'une admirable fertilité par la plus triste stérilité. Ce n'est pas le sens ordinaire qu'éveille en nous le mot d'Andalousie, mais c'est une réalité sous nos pas en ce moment, et trop souvent aussi ailleurs.

Bobadilla nous arrête et nous intéresse par l'affluence, cent fois constatée, de ce que nous appelons en France des « badauds ». Ils sont là cent, cent cinquante, peut-être davantage qui attendent l'arrivée du train pour apprendre des nouvelles, entendre lire le journal par quelque savant qui y joint ses commentaires. Au milieu des groupes de flâneurs, passent et repassent les petits marchands d'eau : *Agua! Agua!* chantent-ils à toutes les portières des voitures, et ils offrent pour un sou un grand verre d'eau fraîche, très claire et bien tentante pour la soif. Un grand diable d'Arabe en chemise, pieds nus, la tête entourée d'un turban, s'approche du vendeur, et présentant sa piécette, il reçoit le vase de liquide qu'il absorbe d'un trait, puis, sans autre cérémonie, il remonte fièrement dans le train qui le remporte vers sa patrie. La présence de cet Africain avait assemblé quantité de curieux autour de l'enfant, qui ce jour-là fit une bonne recette; quant à nous, moins accessibles à cette souffrance, ou à cette jouissance, nous en laissons le plaisir aux gosiers d'Espagne.

A peine avons-nous dépassé Bobadilla que nous entrons dans une série de gorges et de tunnels presque ininterrompus. Le Guadalhorce, né sur le plateau d'Antequerra, a coupé la montagne par l'étroite brèche de los Gaytanes et a ménagé l'un des sites les plus sauvages et les plus grandioses de la Péninsule. Dix-sept fois nous cheminons sous terre à toute vapeur, pour passer soudain sur des ponts de fer jetés d'un rocher à l'autre, avec, tout en bas, l'abîme où gronde le terrible torrent, et cela sur une longueur de neuf kilomètres. Les impressions pessimistes se renouvellent à chaque instant pendant ce parcours, et l'on a beau être courageux, la pensée que l'on peut être broyé sous un tunnel donne involontairement le frisson.

Nous approchons très vite du reste, du fameux kilomètre 137, où il faut *transborder*, pourquoi?

La curiosité, dans ces circonstances, tient les yeux très éveillés; tous les voyageurs regardent attentivement à gauche et à droite de la voie; nous marchons, pour ainsi dire, en tâtonnant, comme pour éviter quelque péril, quand une voix, dix voix s'écrient : « Ve aqui! ve aqui! » — les voici! les voici! — En effet, des deux côtés, ce ne sont que débris de wagons défoncés, fers tordus, roues brisées, planches et madriers brûlés, un pêle-mêle d'un réalisme tragique. Une équipe d'hommes travaille à déblayer les derniers tronçons; une autre ramène la locomotive tamponnée.

La conséquence d'une rencontre de trains donne quelque idée d'un champ de bataille au lendemain du carnage; d'instinct, le regard cherche les flaques de sang. Hélas! il y en a eu de répandu; deux hommes ont trouvé la mort dans ce choc épouvantable!...

Grâce au travail de nuit et de jour des braves ouvriers, après une demi-heure de stationnement, nous nous remettons en marche lentement; c'est à l'entrée du tunnel qu'a eu lieu cette collision meurtrière de deux trains éventrés, incendiés, réduits à ces bouts de planches, à ces fragments informes, et c'est dans ce trou ténébreux et redoutable que nous entrons à notre tour. De distance en distance, à des intervalles de vingt mètres à peu près, des hommes tiennent des torches qui font, au courant d'air, une lumière vacillante, tandis que sur la muraille et sur les voûtes du souterrain courent des ombres fantastiques. Il faudrait aligner des superlatifs pour exprimer tout ce qu'a de pittoresque cette marche ralentie, prudente, tâtonnante, impressionnante. Des gouttes d'eau glacée tombent sur nos voitures et font songer à des pleurs sur un cercueil : tout est noir, froid, funèbre! les porte-torches seraient-ils notre escorte dans le voyage au royaume de Pluton? Sommes-nous des gens qu'on enterre?... Toutes les sensations sont de mise; toutes les conjectures permises!...

Voici une lueur, faible et lointaine d'abord... elle se rapproche et grandit insensiblement : c'est la lumière... c'est le plein jour, c'est la sortie du pas périlleux, la rupture avec les gorges de Gobantès. Adieu, souterrains de la Fuente et du Chorro; adieu, viaducs; adieu, gouffres à proie, entonnoirs à victimes! c'est avec regret que nous vous avons rencontrés, c'est avec plaisir que nous vous quittons!

Le dernier trou franchi, le paysage change subitement, et complètement : les rochers avec leurs précipices font place au magnifique décor des bois d'orangers; on ne sait trop ce que l'on doit le plus admirer : des fruits d'or ou des fleurs parfumées! Le Guadalhorce sera retrouvé et franchi plusieurs fois encore, mais coulant sans fougue, avec discipline, comme une honnête rivière de plat pays, arrosant la délicieuse campagne d'Alora, couverte de citronniers, de grenadiers, d'orangers, d'amandiers et autres arbres chargés de fruits, véritable bouquet où s'associent à ravir non seulement les plantes asiatiques et africaines, mais aussi celles acclimatées de l'Orient et du Nouveau-Monde. La fécondité de ce coin de pays andalou est merveilleuse; les fermes se multiplient, les ateliers industriels apparaissent, les canaux d'irrigation se croisent, c'est l'annonce, c'est le riche abord des grandes villes; il est six heures trente; nous sommes à

MALAGA.

Après les détails de l'installation à l'Hôtel de l'Alhambra, nous voulons, le soir même, aller rendre nos devoirs à la Majesté de céans, à la reine incontestée dont le domaine s'étend d'un bout à l'autre de l'univers; bienfaitrice inlassable, tyran redoutable, maîtresse aux étreintes terribles, aux embrassements mortels, tour à tour douce et effrayante, qui berce les hommes sur son sein de magicienne aux heures de captivante langueur, qui les absorbe ensuite et les dévore avec une tranquille insouciance : la reine puissante et changeante que l'on aime toujours et malgré tout, parce

MALAGA — CATHÉDRALE ET PORT. (P. 109.)

qu'elle nous représente l'Etre immense, infini, Dieu lui-même : la mer.

Elle est là, à quelques pas, doucement clapotante, donnant à tout instant aux arbres et aux fleurs le baiser de ses vagues. Elle s'étend, s'allonge et s'élargit, trop vite perdue dans sa courbe immense par le regard qui la cherche encore au delà du visible là-bas, tout là-bas!... A nos pieds, elle vient mourir sans bruit, mais un peu plus loin, des rochers la gênent; elle répète contre eux ses assauts, accompagnés de houlements grondeurs. Je ne sais par quel enchaînement d'idées ou d'images ce bruit, cette vue soulèvent tout au fond de nous-mêmes le sentiment des choses éternelles, puis la réflexion que la Semaine-Sainte finit ce soir, que demain c'est la fête de Pâques, et qu'avec l'Océan nous pouvons chanter aussi l'immortel Alleluia!

XI

16 avril. — Pâques à Malaga, Alleluia ! le Christ est ressuscité. — La mer. — Les fleurs. — Les Roses.

Dimanche de Pâques, 16 Avril.

C'EST dans la joie des fêtes religieuses, dans la douceur d'une matinée printanière, que commence le grand jour de Pâques. Le Christ est ressuscité!... chantent les voix d'airain des cloches de la Cathédrale; et des clochers de toutes les églises de la ville, cent autres voix répondent : Alleluia! Par-dessus les maisons, les terrasses, croisant les rues, bondissant des collines à la mer, la puissante musique des carillons éveille l'allégresse au fond des âmes qui vibrent à leur tour et chantent aussi : Alleluia! le Christ est ressuscité!

Il est juste que la matinée soit intégralement réservée à l'église, à la prière, aux offices. Dieu me garde de taire le plaisir que je goûte au développement des rites liturgiques en ces solennités : comme à Tolède et à Séville, les ministres nombreux autour du Pontife, vêtus de chapes, de chasubles ou de dalmatiques aux ors étincelants; les chants grégoriens, rythmés par des voix sûres; des flots d'harmonie jetés incessants par les batteries de tuyaux qui, dans toutes les églises d'Espagne, sont disposées sur un plan transversal comme des canons pointés, d'un effet menaçant et belliqueux, vont se perdre sous les voûtes immenses; la douceur infinie de cette musique alternant avec des éclats de puissance; la majesté des cérémonies qu'exige ce grand drame qu'est la Messe; cette vie si pleine d'activité et de symbolisme, les attitudes significatives de respect, d'adoration ou de supplication, tout m'intéresse au plus haut point.

Et je suis aussi édifié par la foule des chrétiens de tout âge et de toute condition, mêlés en groupe fraternel, uniquement occupés à la prière. En un langage vivant, ému, dont il ne m'était pas donné d'apprécier toute la beauté, un chanoine fit entendre la leçon de la fête, montrant que la Résurrection couronne la Rédemption, renouvelle et répare la création, entamée dans son intégrité par la faute originelle...

Si l'on a bien saisi le caractère traditionnel et représentatif de la pompe déployée, on conviendra que la liturgie est un puissant levier d'*élévation morale*, élévation telle, que l'âme en oublie le terre-à-terre des passions humaines, et qu'elle sent une allégresse à se laisser emporter bien haut dans les régions du divin, par ce qu'elle voit, ce qu'elle écoute, ce qu'elle entend.

« L'Eglise catholique est la plus grande école de respect qui soit au monde », a dit Guizot; il faut ajouter que la Liturgie catholique est la plus puissante école d'élévation intellectuelle et morale. L'enchantement de la vue, de l'ouïe, de tous les sens est le plus haut des enseignements, c'est le coup d'aile qui emporte jusqu'au contact intime avec le divin.

Nous sortîmes, émus, heureux, reconnaissants, le cœur plein d'amour de Dieu, les lèvres ouvertes aux *alleluias* triomphants... et nous n'avions pas vu, ou presque, l'église qui nous donnait ces bonheurs. Un peu plus tard, nous en fîmes amplement la visite : la hauteur des voûtes, — quarante-cinq mètres, — ne le cède qu'à la hauteur des tours, — cinquante-deux. — La richesse de décoration des chapelles est forcément remarquée : les tombeaux de marbre, les statues, les tableaux y sont nombreux et dignes d'éloges. La *silleria*, — l'ensemble des sièges du chœur, — est bien belle; le fini de l'exécution concorde avec le génie de la conception et honore le sculpteur italien Michaëli qui a fait là un petit chef-d'œuvre.

Le gai soleil nous attire au dehors : il faut faire connaissance avec la vieille cité phénicienne, longtemps occupée par les Arabes, qui n'a conservé de son prestige ancien que l'arsenal des Alarazanas et la forteresse d'Alcazaba.

Malaga est une grande ville moderne, toute neuve, sillonnée de rues droites et larges, bordées de belles maisons et de magasins aux vitrines attirantes. Contrairement aux autres villes d'Espagne, la circulation y est facile, malgré l'animation extraordinaire de la foule, et nous pouvons à loisir contempler dans l'originalité de leur costume, les Malagueñas, au teint pâle, au regard vif et franc, à l'air sérieux que ne possèdent pas les Sévillanes, sans cesse préoccupées de l'effet qu'elles produisent.

La musique voltigeante des guitares se succédant perpétuellement de rue en rue, de cercle en cercle, accompagnée des danses des *gitanos* sur les trottoirs, donne une note de gaicté appréciée là-bas. De votre balcon, jetez une piécette et vous aurez comme remerciement, les cascades d'une chanson cadencée avec une légèreté d'oiseau, et un vol de baisers qui des lèvres montera jusqu'à votre étage avec un délicieux sourire. Ajoutez à cela le nombre considérable de marchands de poisson, criant leur minuscule friture, enfermée dans des filets, suspendus à leurs épaules par de longues cordes comme des plateaux de balance, vous aurez la vision d'un petit coin de cette vie quotidienne, la plus rieuse, la plus heureuse du monde.

Ce qui achève le pittoresque, c'est la série des « *borricos* » trottinant sans s'inquiéter du voisinage. Ils nous ont fortement amusés ce matin de Pâques, venant comme chaque jour, approvisionner la ville : de légumes, de fruits, de lait... ; maintenant, ils retournent, d'un trot allègre, comme des gens blasés sur les plaisirs de la ville, et contents de retrouver le chemin de l'écurie. Regardez-les avec moi dans la *Calle Marquès de Larios :* venus de différents côtés, ils se sont rencontrés dans cette grande artère; après de mutuelles salutations, ils se sont placés à côté les uns des autres, ou derrière, suivant les exigences du passage, et ils vont à travers le flot des promeneurs de la façon la plus raisonnable, sans s'inquiéter des arrêts plus ou moins prolongés de leurs maîtres, les âniers, qui, moins disciplinés, bavardent avec un camarade de rencontre, que la Providence met sur leur chemin. En gens bien élevés, nos *borricos* n'écoutent point les propos de leurs seigneurs, ils continuent leur marche sautillante, jolis et guillerets comme petits princes.

« Mais ils vont se perdre », — dit une dame française, qui, comme nous, les suivait du regard.

— « N'en ayez cure, Madame, lui répondit-on, ils connaissent leur route, ils ont leurs habitudes, ils se rejoindront facilement. »

L'un des attraits de la ville, je dirais le principal, réside dans ses jardins. Jamais je n'ai rien vu de plus beau, de plus frais, de plus riant, de plus gracieux que cette promenade fleurie appelée : *Les Jardins de Malaga !...* Séparés de la mer par une magnifique avenue de palmiers, ils s'étendent sur une longueur de trois kilomètres : Des arbres vigoureux, au feuillage touffu, ombragent les parterres où s'épanouissent les plus belles variétés de roses avec une profusion telle qu'on ne craint pas d'en cueillir un bouquet.

Des bosquets de bananiers, de dattiers, de bambous se mêlent harmonieusement aux massifs de dragonniers, de magnoliers et de mille autres arbres d'espèce rare qui abritent discrètement les géraniums éclatants et multicolores, auxquels manque, cependant, le parfum de la reine des fleurs. Ailleurs, les haies de giroflées odorantes, les orchidées à grande fleur, les œillets aux suaves senteurs, sont une invite pour la convoitise du passant, spécialement des dames dont l'attitude est curieuse à observer; voyez plutôt celle qui est assise à l'écart sur un banc de marbre, elle semble uniquement occupée à observer les jeux enfantins de tout jeunes bébés, s'ébattant sous les yeux de leurs mamans ou de leurs nourrices; de temps en temps, elle contemple cette flore merveilleuse qui l'entoure, se contentant toutefois d'en savourer les exhalaisons embaumées; elle laisse passer, indifférente, le gardien chargé de la surveillance de ce coin de Paradis; à peine a-t-il disparu, que d'un geste vif, elle saisit les fleurs choisies et les glisse dans son ombrelle où elles seront en sûreté.

Que dire de ces arbres au tronc élancé, dont le feuillage finement découpé, se détache et s'élève pour retomber majestueusement comme un parasol produisant un effet de beauté que nous ne pouvons imiter avec nos arbres à grosses ramures! « Il y a bien plus beau », nous dit un Malagueño, et il nous montre avec orgueil, quoi?... des peupliers, des ormeaux, des chênes... parfaitement acclimatés avec leurs frères des pays tropicaux.

L'on sort de ce jardin avec regret, l'air qu'on y respire, attiédi par les brises caressantes de la mer, ajoute à son charme et confirme dans notre pensée l'appellation de *Champs-Elysées* que lui ont donnée les anciens.

En remontant l'Alameda, nous admirons la magnifique fontaine de marbre au milieu de laquelle s'élève une colonne, couverte, de la base au sommet, de figures jetant l'eau dans des vasques étagées, le tout formant pyramide couronnée par un aigle.

Nous voici devant un édifice d'un autre genre : la *Plaza de Toros*, où nous espérons voir la première *corrida* de l'année; il est immense, entièrement neuf et peut contenir *dix mille* spectateurs; quand nous nous présentons, un nuage assombrit le ciel, déverse son ondée malencontreuse et rend l'arène boueuse et glissante; la course est contremandée : déception pour tous ceux qui, ce soir, voulaient se donner ce spectacle!... Nous en profitons pour examiner à loisir, sur la colline de Gibralfaro en face de la Plaza, le *Castillo* ou forteresse aux vieux murs crénelés, flanqués de tours, descendant en zigzag vers la ville dans une allure des plus étranges!! Une légère fatigue me priva du plaisir de faire l'ascension de la montagne, dont l'altitude — cent soixante-dix mètres — permet de jouir d'une vue admirable sur la ville, sur la mer et sur toute l'étendue de l'horizon.

Le retour par le rivage et par le port nous est une vraie satisfaction; assis sur les galets pendant une demi-heure, nous considérons avec une joie d'enfant le va-et-vient des vagues jetant avec violence leur écume aux rochers. Le port est sans activité; les marins profitent des fêtes pascales et sont un moment terriens.

— « Il n'y a donc pas de cafés-restaurants à Malaga? dis-je au retour à l'interprète, nous n'en avons pas vu un seul sur notre route. »

— « Non, Monsieur, pas un seul; à la place, il y a ici ce que nous appelons des cercles; vous avez vu, ajouta-t-il, ces nombreux groupes d'hommes réunis dans les salles immenses au rez-de-chaussée de la *Calle Marquès*, ils devisent sur les affaires du jour : commerce, politique, faits divers, que sais-je?... N'ont-ils plus rien à dire, ou à apprendre, ils quittent le Cercle, s'installent dans un autre et recommencent à fumer et à causer, voire même à se rafraîchir, et ce, jusque vers trois ou quatre heures du matin! »

— « Et les dames? »

— « Les dames n'y sont point admises; celles qui ont accompagné leurs maris ou quelque membre de la famille qu'elles veulent attendre, passent dans un salon spécial. »

A partir de huit heures du soir, les rues se font plus encombrées, plus bruyantes; les orgues de barbarie entrent en scène, s'installent à la porte des hôtels et sous les fenêtres des salles où l'on déguste vins et liqueurs; et c'est ainsi, musique et bruit une bonne partie de la nuit. Vers trois heures, souvent quatre, les orgues n'ont plus de souffle; tout ce monde va prendre un repos bien mérité, ce dont le voyageur n'a garde de se plaindre.

XII.

17 avril. — La Messe en triples croches. — Splendide campagne. — Le vin de Malaga. — Les mines. — Santa-Fé. — Arrivée à Grenade.

Lundi, 17 Avril.

La musique entendue hier m'avait tellement captivé que me voici de nouveau à huit heures pour la Messe solennelle du Lundi de Pâques à la cathédrale. La pompe est bien diminuée, la musique aussi; le *Kyrie* n'est pas entonné que le Maître de Chapelle met ses voix en mouvement accéléré : en un clin d'œil, les neuf invocations sont épuisées!... Le *Gloria* est commencé par le Célébrant sur le ton et avec la lenteur ordinaires, mais continué si rapidement par les Chantres que dès lors, l'attention arrachée à la prière, est absorbée, emportée dans le vertige des chœurs alternés. « *Laudamus te* n'était pas dit que *Benedicimus te* finissait, laissant la place à *Glorificamur te* et à tous les *et cœtera*, si prestement, si vivement, que l'*Amen* de la fin est lancé par toutes les voix, moins d'une minute après l'intonation : *Gloria!...* J'étais abasourdi, je l'avoue, par cette rapidité extrême, excessive, semblait-il, et il me vint à l'esprit d'écouter la profession de foi si grave qu'est le *Credo* pour contrôler jusqu'au bout la méthode que je venais d'entendre : ce fut le même mouvement, la même mesure qui ne se peut décrire que par les cascades continuelles de triples-croches!... » Me voilà fixé sur les Offices de demi-solennité à Malaga : c'est bref, c'est enlevé, c'est curieux à entendre!... on y gagne du temps, on y perd de l'édification!

En dehors du Palais épiscopal au portail de marbre, de la *Maison de ville* avec ses trois étages de balcons et ses deux tours carrées; de la nouvelle *Douane*, dont Charles III approuva lui-même les plans; du Théâtre, dont l'architecture élégante ne perd rien à être moderne, il y a peu d'établissements portant un cachet spécial. Mais, s'il prend fantaisie de rechercher l'antique, l'*Alcazaba* se dresse là-bas sur la colline pour témoigner de la domination visigothe; les *Atarazanas* nous disent que les Maures avaient établi là leur arsenal. Ces ruines, celles de Gibralfaro, les ruelles tortueuses qui serpentent à ses pieds et dans lesquelles on va voir de vieilles maisons arabes à moitié démolies, sont les derniers vestiges de tant de générations disparues sans laisser d'autres traces.

Si l'on veut un rare plaisir, il faut consacrer quelques heures à une promenade à travers la campagne : la végétation est si vigoureuse, si luxuriante! il y a déjà, dans ces semaines d'Avril où nous sommes, un tel élan de sève dans les blés, les vignes, les arbres, les fleurs qu'on a les jouissances de l'Eden. Les citronniers portent des fruits deux fois gros comme les plus belles pommes de nos jardins, on les vend dans les rues de Malaga pour la somme énorme de... *cinq* centimes! Comme dans tout le sud de la Péninsule, les orangers priment en beauté les oliviers, les figuiers, les amandiers, pourtant si renommés, de la province. Ce n'était pas l'heure encore de voir aux branches des vignes le royal raisin de Malaga, si recherché d'un bout à l'autre de l'univers; mais c'est toujours l'heure d'apprécier le vin dont la renommée est si justifiée.

Nous avions près de nous à table un Français, représentant d'une grosse maison de vins, une des plus considérables de Bordeaux. La connaissance est vite faite entre compatriotes à l'étranger et je ne surprendrai personne en ajoutant que mon voisin, le Gascon, ne se fit pas prier pour causer. Ce qui me rendit sa conversation fort agréable, c'est que sous la faconde naturelle, il y avait abondance de faits et de renseignements exacts.

— « Cette région, lui dis-je, doit être extrêmement riche avec ses vignes et l'incomparable vin qu'elles produisent. »

— « Pas autant que cela devrait être, Monsieur. Pour toucher de l'argent immédiatement, les Espagnols sacrifient volontiers l'avenir. Autour de nous, aussi bien que vers Xérès et en Portugal, ils ont vendu aux Anglais une grande partie de leurs vignobles. »

— « Alors, ce sont les Anglais qui possèdent les meilleurs crus de l'Andalousie? »

— « Oui, et quantité de négociants, de préparateurs d'Outre-mer, sont occupés à couper ces vins de renom avec les produits inférieurs de Chiclana, de Rota, de San Lucar. »

— « Ainsi, toutes les opérations, légitimes ou frauduleuses, qui appartiennent à ce genre de commerce, se retrouvent au fond de ces belles provinces? »

— « N'en doutez pas. Certains vins de premier ordre, la *tintilla* sucrée de Rota; le *manzanilla*, jeune vin non encore soumis au coupage, que l'on boit dans un verre à part; le *pajarete*, retiré d'une espèce particulière de raisin, que l'on a soin de sécher avant de l'envoyer au pressoir, constituent un véritable monopole entre les mains de quelques propriétaires et peuvent garder leur authenticité, mais les vins de table, chacun sait cela, sont manipulés à outrance. »

— « Vous connaissez bien le trafic du pays; y venez-vous souvent? »

— « Deux, quelquefois trois fois par an, depuis douze ans; j'y suis acclimaté. »

— « Je vois que vous êtes au courant, non seulement des affaires commerciales, mais des mœurs et des habitudes du sud de l'Espagne; moi, je ne comprends pas l'insouciance des Andalous qui, ayant à choisir entre la pauvreté et le travail, sont assez lâches pour repousser le travail. »

— « N'accusez pas autre chose que leur ignorance. C'est à ces industries que sont dues, en définitive, des habitudes de labeur qui n'existaient pas auparavant. Content de gagner quelques sous, l'Espagnol est employé en manœuvre sur son sol devenu quasi anglais, mais l'application engendre le goût, un peu de savoir même, c'est le chemin qui mène à l'ambition d'être à son tour propriétaire; dès maintenant, d'heureuses modifications dans les faits et dans les idées se font sentir. Laissez passer cette génération trop apathique, et vous verrez la suivante commencer d'aimer la terre comme le font les paysans de France ».

— « Ainsi soit-il, cher Monsieur, car il est trop affligeant de voir des gens qui ont pour eux le sol, l'eau, la chaleur, tous les éléments de fertilité et de richesse, demeurer de misérables salariés dans un temps où la culture fait merveille. »

Un remerciement, une poignée de main, et nous ne revîmes plus l'aimable causeur bordelais.

Outre ses produits de luxe : raisins, oranges, citrons, etc., de plus en plus demandés — il s'en livre au commerce plus de deux cents millions de kilos par an, — il y a dans cette terre d'Andalouste une autre fortune enfouie aux profondeurs du sol, je veux dire les mines dont Strabon écrivait que la Turdétanie, c'est-à-dire la plus grande partie de la vallée du Bétis, « jouissait à tel point de ce double privilège de la fertilité et de la richesse en mines, que nulle expression admirative ne pouvait donner une idée de la réalité. Nulle part on n'avait trouvé l'or, l'argent, le cuivre, le fer natif, en si grande abondance et dans un tel état de pureté. » — « Chaque montagne, chaque colline de l'Ibérie, disait Posidonius avec son emphase ordinaire, en parlant de cette même contrée des Turdétans, semble un amas de matière à monnayer, préparé des propres mains de la prodigue Fortune... Pour les Ibères, ce n'est pas le dieu des Enfers, mais bien le dieu des Richesses, ce n'est pas

Pluton, mais bien Plutus qui règne sur les profondeurs souterraines. »

Comparée aux régions minières de l'Australie et du Nouveau-Monde, l'Espagne méridionale ne mérite plus ces éloges exagérés, mais elle a, en or et en argent, de très grandes réserves, et l'industrie moderne sait en profiter partiellement. L'obstacle principal à une exploitation systématique des gisements de fer consiste dans le manque de voies de communication : il faut cent ânes, — le calcul a été fait aisément, — pour transporter autant de minerai qu'un seul wagon de chemin de fer; aussi, toute mine de fer, si riche qu'elle soit, est-elle absolument inexploitable, et sa valeur reste en espérance dès qu'elle se trouve à plus de deux ou trois kilomètres d'une voie ferrée ou d'un port d'embarquement. Les autres métaux plus précieux : plomb, cuivre ou argent, peuvent être utilement extraits un peu plus loin du point d'expédition, mais la limite est bientôt atteinte, et nos indolents Andalous doivent se contenter de savoir que les rochers voisins réservent des trésors à leurs descendants ou aux étrangers.

Les Anglais, les Allemands, les Belges, les Français également, savent mieux que les Sierras ibériques ont été, aux époques plutoniennes, comme un colossal laboratoire où les composés métalliques les plus divers se sont formés : or, argent, mercure, cuivre, zinc, plomb, manganèse, soufre, sel, et surtout fer et charbon. De nos temps, l'extraction a pris une grande extension, il est juste de le dire, mais il reste encore beaucoup à faire; en Angleterre, de pareilles mines seraient la source d'incalculables revenus; ici, l'Espagnol ne devient ouvrier des mines que quand il ne peut faire autrement, pourquoi?... Il faut en demander la raison à son histoire tourmentée, à son esprit militaire qui en a été la conséquence.

A la fin du repas, nous demandons au maître d'hôtel une bouteille de ce fameux vin de Malaga tant recommandé aux tempéraments faibles, aux estomacs délicats. Il ne comprend pas d'abord, appelle le directeur, même l'interprète : « Vous voulez sans doute parler, nous dit-il, de ce vin fabriqué par les Allemands et vendu à Paris et ailleurs sous le nom de Malaga? vous ne trouverez cela que chez les marchands de vin. » Et nous ne pûmes goûter cette liqueur que les grands hôtels ne daignent pas admettre dans leur cave, pas plus que les produits frelatés de provenance étrangère dont le trafic est pourtant considérable.

Nous aurions aimé pousser jusqu'à la coquette Cadix dont on nous vante les charmes et l'idéale beauté, mais « qui ne sut jamais borner ses désirs, ne sut jamais rien faire! » a dit le poète; nous suivons donc ses conseils et après une dernière promenade aux jardins et à la plage, nous disons adieu à « Malaga l'enchanteresse », à son climat tempéré et salubre, à son ciel toujours pur, à ses cent trente mille habitants, heureux du sort que leur a départi la bonne Providence.

VERS GRENADE

A midi trente, le chemin de fer nous emporte de nouveau vers Bobadilla à travers les gorges sauvages du Guadalhorce qu'on regarde avec terreur, même quand le frisson de la première pénétration est passé. Au reste, la prudence n'abandonne jamais les chemins de fer espagnols, et c'est au petit trot de cinq lieues à l'heure que le *correo* — le courrier — nous dépose à l'embranchement de Bobadilla.

De nouveau nous remontons, sur la droite, le cours de ce tumultueux Guadalhorce qui, avec son affluent le Genil, arrose honnêtement, plus tranquille ici, la riche campagne des alentours d'Antequera. Cette ville se trouve en effet à l'une des extrémités de la magnifique Vega, recouverte autrefois — en partie du moins — par les eaux d'un lac que barrait un rempart de montagnes, dans le voisinage de Loja; les eaux des fleuves, surtout du Genil, ont vaincu l'obstacle; de coupure en coupure, descendues de la Sierra Nevada, elles ont fini par rejoindre celles qu'alimentent les Sierras Sagra et Morena, faisant place aujourd'hui à une culture abondante en céréales, en huiles, en vins, et peuplée d'un nombreux bétail. Des lignes de peupliers, sur les bords du torrent, feraient croire ici à une riviérette inoffensive parmi les plaines de France, si l'immense roche de la *Peña de los Enamorados*, à droite de la voie, ne se dressait subitement pour nous avertir que nous sommes en pays d'Espagne, en sol singulièrement tourmenté.

C'est ce que nous redit amplement aussi au delà d'Archidona, la série ininterrompue de tranchées, de rampes qui ascensionnent de petites montagnes avant de nous remettre aux grandes plaines arides du *Rio Frio*. Visiblement nous ne sommes plus dans la *Vega :* à droite, à gauche ce n'est partout que terres incultes jusqu'à Loja, aux fraîches eaux, ville de vingt mille habitants, la *fleur entre les épines*, l'oasis au milieu des âpres rochers et des défilés. Voilà la vallée assez étroite du *Genil* au cours pittoresque, dans la gorge appelée *Infiernos de Loja*, — l'Enfer de Loja. — La rivière nous barre la route, mais un beau pont de deux cents mètres nous amène sur l'autre rive.

Nous passons les villages de Tocon, de Puerto Lope; quelques minutes d'arrêt à Illora nous permettent de contempler le magnifique domaine de *Molina del Rey* donné par l'Espagne au duc de Wellington.

Au loin dans la campagne, la célèbre ville de Santa-Fé retient notre attention : construite par la grande Isabelle pour y établir son camp pendant le siège de Grenade, elle est en ce moment entourée d'une ceinture de blés verts : le bruit des armes a cessé, le silence enveloppe l'activité rurale de ce pays devenu un atelier de culture, une cité agricole.

L'ombre s'étend peu à peu sur les vastes champs; nous ne distinguons presque rien : il est huit heures, c'est la nuit; nous ne pourrons donc avoir qu'un faible aperçu de « Grenade la jolie »! C'est aux feux de la lumière électrique que nous entrons par la *Gran Via de Colon* dans la vieille capitale des Abencérages; nous prenons gîte à l'Hôtel de Paris, installé à la française sur cette avenue toute moderne au centre de la cité.

XIII.

GRENADE

18 Avril. — L'Alhambra. — La cour des myrtes. — Le patio des Lions. — La salle des Abencérages, — Les Deux Sœurs. — Le miroir de la Sultane. — L'Albaycin et les Gitanos. — La maison du Cadi. — La Cathédrale. — Un souvenir à Boabdil et au passé des capitales mortes. — Les petits marchands de cannes à sucre.

Mardi, 18 Avril.

Enfin, nous y sommes!... Depuis longtemps je rêvais de cette cité, tant chantée par Victor Hugo, et les vers de la XXXIe Orientale du poète se présentent à ma mémoire dès ma première sortie à travers la ville :

Soit lointaine, soit voisine,
Espagnole ou Sarrasine,
Il n'est pas une cité
Qui dispute, sans folie,
A Grenade la jolie
La pomme de la beauté,
Et qui gracieuse, étale
Plus de pompe orientale
Sous un ciel plus enchanté...

Pendant plus de deux siècles, Grenade, capitale de royaume, voyait défiler dans ses rues bordées de plus de soixante mille maisons, une population de quatre cent mille habitants. Après les beaux jours de Cordoue, elle fut la plus animée, la plus industrieuse, la plus riche de la Péninsule; peu de villes, en Europe, pouvaient se comparer à elle. Comme toutes ses rivales, elle est bien déchue de son ancienne splendeur, mais les soixante-dix mille habitants qui la peuplent conservent la gaieté et l'animation d'autrefois; leur pétulance répand dans les rues un mouvement et une vie, inconnus aux graves pays du Nord.

La ville est divisée en trois quartiers, échelonnés en amphithéâtre sur les pentes des trois collines qui la dominent : L'Antequerula, couronnée par l'Alhambra et le Généralife; le mont Mauror, moins élevé, au bout de la plaine de la Vega, sur le sommet de laquelle sont construites les *Torres Bermejas* — Tours Vermeilles — nom qui indique leur couleur et que l'on accuse d'origine romaine ou

GRENADE. (P. 121.)

phénicienne. L'Albaycin, situé sur la troisième, est séparé des autres par un ravin profond, encombré de végétations, de lauriers-roses, d'arbustes et de touffes de fleurs, qui tranchent avec les rues tortueuses et sordides, restes de la ville ancienne, de l'autre côté dans la vallée.

La Grenade moderne se développe entre les trois collines autour de la Cathédrale; c'est la partie la plus importante, parce que la plus commerçante.

Pour nous, voyageurs, *Granada*, c'est l'Alhambra! et notre impatience est grande de voir enfin si la beauté du monument égale son renom. Sous l'ardeur d'un soleil tropical, après avoir traversé une partie de la ville et franchi le Darro qui chemine sous terre, en roulant son or, pendant plus d'un kilomètre avant d'aller rejoin-

GRENADE. — LES BORDS DU DARRO. (P. 123.)

dre le Genil, fertilisateur des campagnes voisines, on arrive au pied de la colline. Partis du Zacatin, rue curieuse et commerçante, on traverse les places de la Constitution et Nueva, pour aboutir à la *Calle de los Gomeres;* qui nous mène par un chemin délicieux, à pente raide, où croissent les ormeaux, les peupliers, les chênes, les charmes, etc., qu'on est étonné de rencontrer dans cette Andalousie, par tant de côtés africaine. Des eaux courantes sur des cailloutis, des cascades tombant du rocher parmi le lierre et la mousse, nourrissent la végétation la plus splendide qu'on puisse imaginer; les herbes folles qui ne laissent jamais le sol à nu en prennent elles-mêmes des proportions nouvelles; elles pendent, elles retombent comme une chevelure touffue, agrémentée de mille fleurs à travers lesquelles brille comme des diamants l'eau qui jaillit des fentes des vieux murs. Sous la haute ramure des arbres, parmi la verdure luxuriante, malgré l'ardeur des feux du soleil, l'ombre et la vapeur des cascatelles entretiennent une agréable fraîcheur. Si Grenade est un des plus jolis coins du monde, si c'est un vrai petit Paradis, c'est précisément parce que, pendant l'été, le terrible été espagnol qui dessèche et brûle tout dans les villes et les plaines, elle, au contraire, a la faveur des eaux qui ruissellent plus abondantes de la Sierra Nevada.

« Je n'ai rien vu nulle part d'aussi ravissant! » dis-je au guide qui nous accompagne.

— « Oh! c'est bien autre chose les soirs de fête, quand des milliers de feux multicolores illuminent les eaux, les arbres, la colline, les palais. C'est magique! vous devriez rester quelque temps; dans quinze jours, vous verriez ce spectacle. »

— « Je ne le puis pas. Mais est-ce que les habitants ne s'habituent pas à ces sortes de jeux?... Vont-ils souvent à l'Alhambra? »

— « C'est leur promenade favorite. Chaque soir d'été la ville entière se réunit dans les bosquets, près des ruisseaux; mais je voudrais que vous fussiez témoin du mouvement de la jeunesse dansante et chantante, sous les flammes blanches, vertes, jaunes, rouges, aux jours d'illumination. »

— « Cela doit en effet être très animé; je suis sûr que le babil des Grenadins et Grenadines est plus bruyant que le chant des rossignols sous la feuillée. »

En causant ainsi, nous avions ascensionné le raidillon; nous arrêtant quelquefois pour écouter le gazouillement des oiseaux, le bruissement des eaux, le bourdonnement des cigales dont la musique monotone nous rappelle avec insistance que, malgré la fraîcheur du lieu, nous sommes en pays méridional et torride. Et ce chant des oiseaux, des insectes et des eaux mêlé au frétillement des feuilles, forme, dans cette belle nature, un concert dont l'harmonie repose, détend les muscles et chasse la fatigue.

Comme les lacets de la montagne, la côte que nous venons de gravir tourne brusquement en un angle aigu et monte encore; à gauche, une fontaine monumentale, timbrée de l'aigle impériale, enjolivée de blasons, de devises, de médaillons mythologiques, verse une eau cristalline par trois têtes couronnées de fleurs et de roseaux, qui symbolisent : le Darro, le Genil, le Beiro, richesse de Grenade. Un cartouche avec l'inscription : *Imperatori Cæsari Karolo Quinto Hispaniarum Regi*, indique que le monument fut élevé en l'honneur de Charles-Quint. Construit en pierre et solidement maçonné, il soutient les terres à ce tournant de la rampe et nous met en face de la « *porte du Jugement* », par laquelle on entre à l'Alhambra proprement dit.

Cette porte, ou plutôt cette tour, car c'est vraiment une tour carrée, haute de vingt mètres, large de quinze, fut élevée par Yusuf Ier. L'arc outrepassé de la porte extérieure est surmonté d'une main ouverte qui rappelle sans doute les préceptes fondamentaux du Coran : la foi en un seul Dieu, la prière, le jeûne, l'aumône, le pèlerinage à la Mecque. Une seconde porte, plus basse et plus élégante, en marbre ouvragé comme du stuc, s'ouvre dans la profondeur de la tour; une clef symbolique, gravée dans la pierre, redit l'ancienne prédiction : « Grenade ne sera prise que lorsque la main aura saisi la clef! »... Hélas! les deux talismans n'ont pas bougé et depuis longtemps Boabdil, chassé de son palais et de son royaume avec toute sa race, est allé rejoindre les choses mortes que l'histoire seule préserve de l'oubli.

— « Mais pourquoi, demandons-nous, appelle-t-on cette entrée « Porte de Justice? »

— « Parce que les Musulmans avaient l'habitude de rendre la justice sur le seuil de leurs palais! »

— « Cette sévérité donnait au moins un air de majesté, et repoussait l'indiscret loin du sanctuaire des voluptés royales. »

Les énormes battants, lamés de fer, s'ouvrent tout grands, et sans qu'aucun kalife ne nous barre le passage, nous arrivons à la place des *Aljibes* — des citernes, — resplendissante de lumière. A l'ouest, le massif rouge des tours arabes: l'une d'elles, la Tour de la Vela, abrite une lourde cloche qui, chaque nuit, de cinq en cinq minutes sonne la distribution des eaux. Au jour anniversaire de la conquête, le 2 janvier, la sonnerie est continue; c'est le bon moment pour les jeunes filles qui ont à choisir un époux, elles ne manqueront pas d'aller, dans les vingt-quatre heures, tirer la corde du bourdon pour emporter l'assurance infaillible d'un bon mari dans l'année.

Un palais somptueux, inachevé, construit sur une étendue de l'Alhambra renversé, enlaidit de sa lourde richesse tout le voisinage. Bâtir un palais romain sur cette acropole enchantée, c'était de la part de Charles-Quint un contre-sens qui fait songer au vandalisme de Cordoue; et l'on ne peut comprendre que ce prince qui avait si énergiquement blâmé les mutilations sacrilèges des Chanoines de la Cathédrale, ait porté une main barbare sur les salles délicieuses de l'Alhambra pour édifier à la place cette masse énorme dont il voulait faire sa résistance. Simple rêve! car, pas plus que son Alcazar de Tolède, il n'a jamais été terminé : au reste la destinée de cet orgueilleux empereur était de ne rien finir; lui-même n'acheva point de régner!...

Et maintenant, voici l'Alhambra, — le palais rouge, — que les poètes ont chanté, devant lequel les voyageurs extasiés n'ont pu retenir leur admiration, que Victor Hugo décrit à son tour :

L'Alhambra! l'Alhambra! palais que les Génies
Ont doré comme un rêve et rempli d'harmonies,
Forteresse aux créneaux festonnés et croulants,
Où l'on entend la nuit de magiques syllabes,
Quand la lune, à travers les mille arceaux arabes,
Sème les murs de trèfles blancs!

C'est bien la forteresse formidable au dehors, entourée d'une enceinte de murs crénelés, défendue par vingt-trois tours dont quatre subsistent encore. Le sultan Abul Hagag Yusuf fit construire le palais de Comares ou des Myrtes pour l'été; le palais des Lions fut le séjour d'hiver des Nasrides.

Nous nous laissons guider dans la maison du sultan par un interprète parlant parfaitement notre langue. Après de nombreux détours dans des couloirs obscurs, nous arrivons dans le patio des Arayanes, — des Myrtes, — ainsi nommé parce que des haies de myrtes entourent le bassin rectangulaire de marbre blanc qui reçoit l'eau limpide où se reflète l'azur du ciel. Ce réservoir, terminé à chaque bout par une galerie à arcs mauresques, portés sur de légères colonnettes, était autrefois le bain des femmes — *Mezouar*. — A peine avons-nous franchi le seuil, qu'un gardien détache une branche de l'arbuste, et avec sa grâce andalouse, la présente à chacun des visiteurs : « Un souvenir du Patio des Myrtes à l'Alhambra, Señores »! dit-il. — « Gratia », et souriant nous acceptons le présent et nous emportons la tige avec le même plaisir que si elle nous eût été offerte par le Kalife en personne.

Au fond, deux salles de dimensions inégales, mais d'égale beauté : la *Barca*, sorte d'antichambre où l'enlacement des arabesques, la hardiesse des arcades, les dentelles de la voûte, forment une entrée grandiose à la Salle des Ambassadeurs. De chaque côté de la porte, deux niches de marbre blanc, finement sculptées, semblent attendre une statue; elles étaient destinées, paraît-il, à recevoir les babouches des visiteurs admis auprès du Sultan.

Aucune expression ne me semble propre à décrire la *Salle des Ambassadeurs*, la plus vaste du palais; chacun des côtés de ce salon carré mesure quarante-trois mètres et est recouvert depuis le haut jusqu'au bas d'une ornementation si nuancée, si délicatement ouvragée, qu'il faut s'approcher bien près pour s'assurer que l'on n'est pas en présence d'une ravissante dentelle appendue aux murailles, tant ces murs sont devenus, sous la main des sculpteurs, éclatants comme des tissus d'Orient, rehaussés d'or, de pourpre et d'azur. Le plafond est formé d'innombrables fragments de bois de cèdre aux dessins les plus variés; aux corniches, une profusion de stalactites, dirait-on, descendent et se figent en couleurs chatoyantes.

Dans toutes les Salles de ce palais, l'écriture arabe est employée comme motif de décoration; les versets du Coran, les éloges des princes, bâtisseurs ou embellisseurs de *l'aljama*, — le rouge, — courent entremêlés sur les frises, les portes, les arcs, avec les fleurs, les lacs et les mille originalités des caractères arabes. Les inscriptions qui ornent la Salle des Ambassadeurs signifient: « *Gloire à Dieu, puissance et richesse aux croyants !* », d'autres chantent les louanges d'Abu Nazar *qui eût effacé l'éclat des étoiles et des planètes s'il eût été transporté tout vif dans le ciel !* La limpidité des eaux, le parfum des fleurs qui ornent la cour des Myrtes et que l'on aperçoit à travers la porte a aussi inspiré les poètes dont les vers chamarrent les fenêtres.

En contemplant ces splendeurs, mon imagination évoquait le souvenir des derniers jours de décembre quatorze cent quatre-vingt-onze : Boabdil, cerné de toutes parts, avait réuni ses ministres, et là, après de longs pourparlers, il signait la capitulation de Grenade !

Quelques jours plus tard, Ferdinand et Isabelle entraient triomphalement dans la ville, s'installaient au palais arabe, et dans cette Salle des Ambassadeurs, en présence d'une cour nombreuse, ils remettaient à Christophe Colomb le commandement des vaisseaux qui devaient le porter à la conquête du Nouveau Monde.

Aujourd'hui, toute cette pompe a disparu, le palais est désert, les rois maures en ont été chassés, les rois catholiques eux-mêmes l'ont abandonné, et cette magnifique Salle n'abrite plus que la stérile admiration des visiteurs.

Au centre du palais, la cour des Lions, plus petite que la cour des Myrtes, — vingt-huit mètres sur seize au lieu de trente-sept sur vingt-trois, — tire son nom de douze lions en cercle qui soutiennent une vasque de marbre blanc; ce groupe est loin de répondre à l'idée qu'on s'en fait : gros comme des chiens de taille médiocre, la sculpture en est si négligée qu'ils rappellent de fort loin le *Roi des déserts;* une vasque plus petite, soutenue par une base partant du centre et appelée la *taza*, s'élève au-dessus de la première et fait jaillir l'eau à une assez grande hauteur.

Mais ce qui fait le charme de cette cour légendaire, *la perle de l'Alhambra*, c'est la galerie qui l'entoure : formée d'arcs outrepassés, reposant sur cent vingt-huit colonnettes de marbre blanc, dont les chapiteaux décorés avec art, conservent encore des traces d'or et de couleur d'une variété, d'une délicatesse extrême; le stuc des

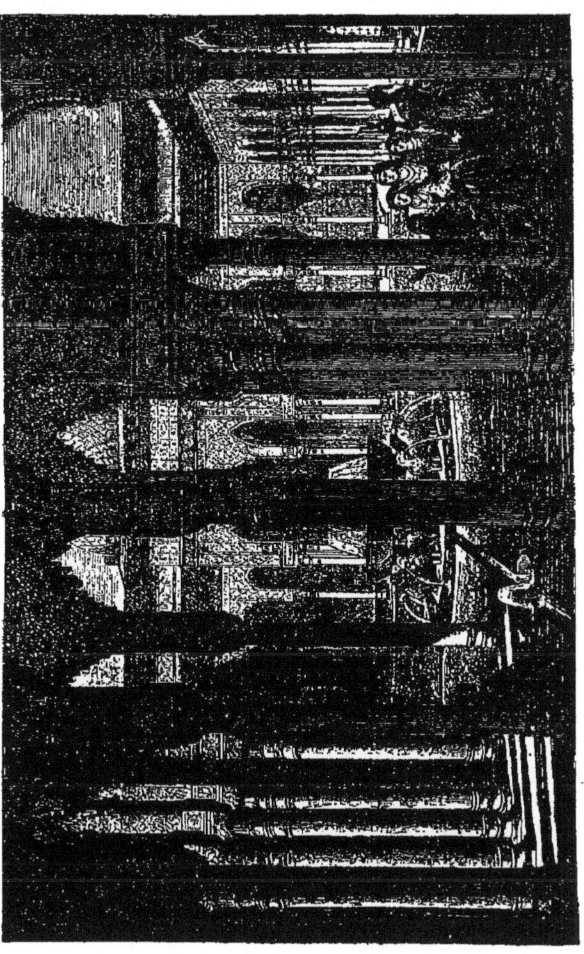

ALHAMBRA. — COUR DES LIONS. (P. 127.)

murailles, délicieusement brodé; la voûte en mosaïque de bois, tout contribue au même effet d'ensemble, et l'on s'arrête pour bien constater que l'on n'est pas le jouet d'un rêve.

Les salles qui avoisinent ce patio luttent de magnificence; au fond, la Salle du Tribunal ou des Rois, présente une série d'arcades aiguës avec pendentifs et stalactites, légers comme des alvéoles de ruche. Philippe le Beau qui avait visité l'Alhambra en 1502, dix ans après la conquête, disait : « C'est un des plus beaux lieux qu'il y ait sur la terre, je crois qu'il n'y a pas un roi chrétien qui se trouve aussi bien logé pour son plaisir; dans cette salle, au dallage de marbre blanc, le roi maure venait se coucher pour être plus fraîchement... » En effet, la galerie est divisée en sept sections et chaque section communique à une alcôve obscure. Par une exception fort rare chez les musulmans, les voûtes de cette pièce attestent que les Arabes étaient aussi compétents dans l'art de la peinture que dans celui de la décoration; chaque panneau a son sujet particulier : scènes de chasse, joutes, histoire de chevalerie... Au milieu, un conseil de rois : dix personnages, vêtus de burnous blancs, le cimeterre en main, sont assis sur une sorte de divan aux coussins brodés, et semblent en pleine discussion. Toutes ces peintures sont sur cuir marouflé, tel qu'on le préparait jadis à Cordoue; je dis jadis, car lors de notre passage dans la ville des Kalifes, on m'assura que cette industrie n'existait plus.

La salle des Abencérages, à droite, ne se distingue des autres que par son ancienne porte en bois de cèdre assemblé en losanges, et son bassin de marbre dans le fond duquel on nous fait remarquer d'énormes taches, couleur de rouille, empreintes des mains et de la tête du dernier des Abencérages, car c'est ici, dit l'interprète, que furent égorgés, par ordre de Boabdil, trente-six de ces malheureux princes, victimes des passions politiques et des intrigues de la reine Aïcha. Celle-ci, craignant que son époux le sultan Mouley-Hassan, esclave de sa favorite espagnole Isabelle de Solis, ne sacrifiât leur fils aux caprices de sa rivale, arme les Abencérages en sa faveur et cause leur ruine. Attirés dans un piège par les Zégris, ils sont vaincus et amenés là enchaînés; le cimeterre fait le reste; la tribu entière aurait subi le même sort sans le dévouement d'un petit page qui courut empêcher les autres d'entrer dans la fatale cour.

Oh! ces trente têtes émergeant de leur sang! Quelle vision! Et comme on reconnaît bien dans ce massacre l'inspiration de cette nouvelle Hérodiade!... la saveur du sang relève celle de la luxure!...

Quant à Aïcha, faite prisonnière, enfermée dans la tour de Comares, elle s'échappe par une fenêtre; bientôt, elle a sa vengeance : Boabdil détrône son père Mouley-Hassan, pour subir à son tour la défaite, la capitulation, la perte du dernier empire des Maures.

Vis-à-vis, à gauche dans la galerie, une salle carrée, petite de proportions, est la plus coquette, la plus délicieusement travaillée du palais. Les deux dalles jumelles de marbre blanc, d'égale grandeur et juxtaposées, qui forment son pavage, lui ont fait donner le nom de *las Dos Hermanas* — les Deux-Sœurs. — Aux angles, des pendentifs, semblables aux stalactites d'une grotte, la transforment, à sept mètres de sa hauteur, en un polygone de seize côtés, qui se multiplient indéfiniment jusqu'à fermer la voûte. En considérant ces myriades de petites cellules, naissant les unes des autres, ténues comme un bijou de filigrane, nuancées de couleurs diverses, aussi fraîches qu'aux premiers jours, je me sentais saisi d'admiration pour ce peuple artiste qui a laissé au monde ce ravissant chef-d'œuvre. La guipure des murailles ne le cède en rien aux cristallisations de la voûte; elles sont d'une délicatesse, d'un fini achevé.

Dans une niche, une amphore, à demi-mutilée, a survécu aux incendies, aux vols, aux abandons du palais; elle reste là comme un très beau spécimen de la céramique arabe au quatorzième siècle.

Une porte, au fond, ouvre sur le *mirador de la reina*, — miroir de la reine, — petit pavillon qui servit d'abord d'oratoire aux sultanes; à l'entrée, une dalle de marbre blanc, percée d'une multitude de petits trous, laissait passer la fumée des parfums brûlés au-dessous. Au reste, il est difficile de rêver quelque chose de plus raffiné que ce cabinet aux colonnes mauresques, décoré pour satisfaire le luxe et les passions des favorites.

Après une série de patios ou jardins incultes, nous entrons dans les *Banos reales*, — bains royaux, — agencés avec magnificence : autour du bassin de marbre qui occupe le milieu de la pièce, des mosaïques de terre vernissée; sur les murs, des dentelles en plâtre recouvert d'or; aux extrémités, deux alcôves où les rois venaient se reposer sur des lits dorés après avoir savouré les délices d'un bain oriental. A quelques mètres au-dessus du sol, on voit encore les tribunes où se tenaient les musiciens pour égayer le repos des souverains.

Toutes les autres salles, soit du Palais d'hiver, soit du Palais d'été, différentes de dimensions et de formes, présentent le même genre de décoration, mais toujours dans la plus merveilleuse variété : le stuc moulé, durci, ciselé à plaisir, peint discrètement de tons harmonieux, en est l'unique élément; le marbre est réservé aux dalles, aux vasques, aux colonnes. La salle *de Secretos*, de création plus récente, — elle fut construite sous Charles-Quint — a un effet d'acoustique singulier, expérimenté par tous les visiteurs; elle reporte à l'angle opposé ce que l'interlocuteur dit à voix basse dans l'autre coin.

Outre ses salles, l'Alhambra avait aussi sa mosquée et ses jardins; la mosquée mutilée par Charles-Quint fut en partie convertie en chapelle; fort heureusement, on la restaure pour la remettre en son état primitif.

Par un couloir sobre de décorations, nous montons à une galerie aérienne appelée : boudoir de la Reine, — *tocador de la Reina*; — un spectacle d'un autre genre se présente à nos yeux; par les fenêtres ajimez, s'avançant en saillie sur toutes les faces, le regard plonge en bas sur le ravin qui se creuse comme un gouffre, laissant voir à travers une végétation touffue, les eaux du Darro coulant en un mince filet d'argent; devant nous, le blanc Généralife, — maison de campagne des rois maures — émerge de la verdure des jardins, et c'est plaisir de voir les fleurs rouges des grenadiers s'harmoniser avec les nuances plus délicates des lauriers-roses, des orangers couverts à la fois de fleurs et de fruits, et de mille autres arbustes qui croissent comme par enchantement dans ce nouvel Eden. Par endroits, les teintes plus sombres des ifs et des cyprès donnent plus de relief encore aux massifs de fleurs blanches et roses que l'on aperçoit dans le lointain. A l'horizon, les monts de la Sierra Nevada, couverts de neige, étincellent aux rayons du soleil et semblent en ce moment une coulée de diamants.

Le panorama est superbe, et je comprends le plaisir que dut goûter la reine Isabelle, se reposant en ce lieu des fatigues de sa conquête.

— « Voulez-vous aller voir les Gitanos chez eux? dit notre jeune guide; ils demeurent en face; nous n'avons qu'à traverser le ravin, et tout de suite, nous sommes au pied de l'Albaycin. »

— « Impossible ce matin, répondis-je en consultant ma montre. Et puis, en valent-ils la peine? on les dit hostiles aux visiteurs et toujours prêts à faire un mauvais parti. »

— « Ils s'en gardent bien, les sauvages! Il faut seulement veiller à n'être pas volés quand on approche de leurs tanières; ce sont des gens adroits, peu scrupuleux du bien d'autrui. Mais ils n'ont pas leurs pareils pour dire la bonne aventure, prédire l'avenir et préserver de tous maux avec leurs amulettes. »

Ma jumelle en main et à l'œil, je fouillai leur village, espérant apercevoir quelques-uns de ses habitants; sous les nopals monstrueux, près des aloès verdâtres et gigantesques, voici le chemin qui mène à leurs grottes, je les distingue fort bien; des lambeaux de guenilles ferment l'entrée de ces cavernes : un peu plus d'attention me fait découvrir des enfants roulés tout nus dans la poussière, leur teint de café brûlé en fait de parfaits laiderons. Hélas! on peut en dire autant des femmes un peu plus loin : c'est le type des bohémiennes, des tziganes, elles manquent totalement de beauté, mais non de caractère; et ce type a traversé les siècles sans en subir l'outrage.

— « Vous dites qu'ils sont connus pour avoir la main adroite à toute rapine, ce n'est pas un métier; si parfois ils se sont procuré de quoi vivre, il y a des jours où ils doivent mourir de faim. Leurs danses excentriques leur valent quelques sous, je vous l'accorde, mais cette obole ne constitue pas une fortune. En somme, que font-ils d'ordinaire? »

— « Ce sont des maquignons incomparables; entre leurs mains, la rosse la plus paresseuse prend des allures de bête de race, pour quelques heures du moins, car vous pensez bien qu'ils ne font pas plus de miracles que les autres. »

— « Ils ne vous intéressent guère, je vois. »

— « Non, et ils ne méritent pas une visite, vous pouvez me croire; toutefois, si vous le désirez, je vous guiderai jusqu'à leurs masures. »

J'étais assez surpris de ces dernières paroles; d'ordinaire, les guides font valoir cette tribu outre mesure, mais sans en chercher la cause, j'en voyais assez pour croire, moi aussi, que la grande différence entre eux et le peuple, de Grenade ou d'ailleurs, réside surtout dans leur type accentué, dans la sordidité de leurs vêtements, — il serait plus vrai de dire, de leurs haillons, — de leurs habitations, de leurs petits métiers. L'heure avançait, nous nous contentâmes de promener nos yeux sur l'Albaycin, sans essayer de prendre contact avec les misérables et lointains représentants des *Adorateurs du feu*, qui prétendent être aujourd'hui de bons catholiques comme vous et moi.

Donnant un dernier regard à la belle nature, j'allais me retirer, quand tout à coup, sur les rives abruptes du Darro, je découvre de blanches maisonnettes s'accrochant aux pentes du ravin, au milieu de jardins entourés de cactus et d'aloès, de figuiers et autres arbres. « Qu'est-ce »? demandai-je.

— « C'est le *Sacro Monte :* les châlets sont les écoles de « l'*Ave Maria* », heureuse invention d'un bon chanoine, populaire entre tous. Il était castillan, de la province de Burgos et, depuis peu, professeur à l'Université de Grenade; un jour d'automne 1889, il descendait du *Sacro Monte* sur son ânesse blanche comme d'ordinaire; passant devant une des grottes de l'Albaycin, un murmure de voix arrive à son oreille, il arrête sa monture, écoute, et écartant les broussailles il voit une pauvre femme, récemment sortie de l'hôpital, essayant à sa manière d'instruire un groupe d'enfants. « Eh quoi! se dit-il, cette bonne vieille, malgré son âge et son peu de ressources, fait plus pour le peuple que toi, Andrès Manjon, chanoine du *Sacro Monte* et Professeur à l'Université?... Il n'en sera pas ainsi ». Et honteux de son peu de zèle, il achète un *carmen*, — chalet, — installe immédiatement école de filles et école de garçons, puis deux, puis dix... actuellement, c'est une vingtaine qui arrachent les petits gitanos à leurs grottes sordides, à l'ignorance, à la paresse, à l'impudeur de cette race rebelle à toute culture.

Sa méthode est tout expérimentale, appliquée en leçons de choses, souvent en plein air, et c'est en chantant que les plus petits apprennent l'histoire, la géographie, le calcul. La musique, le dessin, le maniement du fusil, les mouvements militaires, la culture alternent avec le reste, de telle sorte que le travail manuel ait sa part régulière et donne la note professionnelle à cette éducation pratique et efficace qui arme les faibles pour la vie, qui fait des croyants, des patriotes, des gens honnêtes, sincères et forts.

Ainsi le vénérable Don Andrès Manjon, sans autre ressource que sa charité, fait œuvre utile pour diminuer le nombre scandaleux des illettrés en Espagne, — douze millions sur dix-huit millions d'habitants. — La sollicitude du maître ne quitte pas ses élèves; il leur cherche du travail, les aide à se marier et à multiplier ainsi les familles laborieuses. Les petites gitanes jouissent du même bienfait dans des annexes spécialement destinées à l'enseignement ménager si nécessaire aux femmes.

C'est par ces dévouements intelligents que la nation peut se reprendre et marcher au progrès. Grenade le sait et elle déclare Don Andrès son *hijo predilecto*, — son fils préféré. — Après l'honneur d'être chrétien, le plus grand service qu'on puisse rendre à un enfant, c'est de l'habituer à compter sur le travail régulier, loyal, pour gagner sa vie. Tout attendre de la société, de l'Etat, c'est l'erreur socialiste, cause de mécomptes qu'il faut payer cher un jour ou l'autre.

Volontiers, nous imitons le geste des Grenadins en saluant bien bas le véritable émancipateur des Gitanos de l'Albaycin, souhaitant qu'il trouve en Espagne beaucoup d'imitateurs.

Quittons maintenant ce charmant boudoir suspendu sur un abîme azuré « dont le fond est papelonné par les toits de Grenade, où la brise apporte les parfums du Généralife », et traversons quelques salles que je ne décrirai pas pour éviter des redites; j'ajouterai seulement qu'au milieu de chacune d'elles un bassin, avec jets d'eau, ménage l'agréable fraîcheur d'une atmosphère vaporeuse; dans les niches, des urnes permettent au visiteur de se désaltérer aux eaux cristallines apportées par le Genil et le Darro jusqu'au sommet de l'Alhambra. Les inscriptions en caractères coufiques qui se lisent dans toutes les Salles ne sont à nos yeux qu'un ornement, elles avaient une toute autre valeur aux jours où les Sultans recevaient au palais les envoyés des nations. « Dans ce palais, dit celle-ci, tant de belles choses s'offrent aux yeux que le regard en est captivé et l'âme troublée : la lumière et la couleur y sont si bien distribuées que tu ne peux, ni les confondre, ni les distinguer ».

Et c'est très vrai : nous-mêmes, nous sortons *captivés* de ce Palais Rouge, de cette merveille de l'art humain, de ce chef-d'œuvre d'architecture ornée qui peut servir de type aux artistes, et nous répétons avec le poète espagnol : « Il n'y a rien au monde de comparable à l'Alhambra; il n'y a qu'un seul Alhambra, pas plus; et cet Alhambra est à Grenade!... » Qu'était donc cet édifice quand l'ivoire et les feuilles d'or rehaussaient par leur contraste les dessins qui le décorent comme un immense bijou?... Victor Hugo l'a bien décrit le palais « que les génies ont doré comme un rêve! »

L'enceinte de la forteresse ou *alcazaba* ne mesure pas moins de huit cent cinquante mètres de long sur deux cent cinquante de large; le mur construit par Mohammed el Ahmar a une hauteur moyenne de neuf mètres et une épaisseur de dix; il était flanqué de vingt-trois tours, la plupart abandonnées et en ruines. Outre les palais de Comares et des Lions, l'Alhambra avait une mosquée, des bains, la maison du Cadi, un hôtel des monnaies, un panthéon...

On entrait autrefois dans la forteresse par la porte de *Siete Suelos*, — des sept étages, — tout en marbre blanc et en faïence vernissée; c'est par cette tour que sortit Boabdil, le dernier roi Maure, lorsqu'il livra Grenade; avant d'en franchir le seuil, il pria ses vainqueurs de la murer afin qu'aucun homme n'y pût passer après lui. Hélas! la belle façade n'existe plus, nos compatriotes la détruisirent en mil huit cent huit; il s'en fallut même de bien peu que Dupont ne poussât le vandalisme jusqu'à faire sauter l'Alhambra.

A droite du palais, voici la *casa del cadi :* entrons; de Cadi, il n'y a plus l'ombre, mais la *casa* n'a rien perdu en devenant atelier et musée : on y voit de beaux meubles, des ustensiles, des statues, des tableaux, des objets anciens, mauresques, débris du palais, reconstitutions savantes; et pour quelques francs, on peut acquérir de minuscules Alhambras.

— « Messieurs, dit aimablement l'habile restaurateur du monument, n'emportez-vous pas un souvenir de votre visite? j'ai un grand choix à votre disposition. »

Nous parcourons et nous admirons à chaque pas les spécimens de l'art des quinzième et seizième siècles, les représentations si exactes de la Cour des Lions, de la Salle des Ambassadeurs, etc.

Nous sommes un moment étonnés de voir appendue au mur toute une garde-robe; vient-elle des rois maures dont nous examinions les portraits il n'y a qu'un instant?... Le marchand ne nous laisse pas longtemps dans l'embarras.

— « Si vous le voulez, Messieurs, il est facile de vous transformer en Sultans de Grenade, nous en avons tous les costumes, toutes les armes : une pose d'un instant et vous voilà Kalifes authentiques; les photographies que voici attestent l'intérêt de cette transformation! »

Nous avons dépassé l'âge où ces petits déguisements amusent; il nous eût fallu trop de postiches pour représenter quelque Boabdil désespéré, quelque farouche Sultan; renonçons au plaisir de mystifier nos amis. Au dehors, une dizaine de jeunes filles penchées sur leur métier, brodent avec une attention scrupuleuse la fine dentelle qui ornera la tête des Grenadines.

La flânerie dans les rues, dans les quartiers d'origine arabe, sur les places et les promenades aux ombrages abondants, nous permet de prendre contact avec la population, gaie, riante, animée plus que dans aucune ville d'Espagne et de vérifier la justesse de ces paroles du poète :

Grenade efface en tout ses rivales : Grenade
Chante plus mollement la molle sérénade,
Elle peint ses maisons de plus riches couleurs;
Et l'on dit que les vents suspendent leurs haleines
Quand par un soir d'été Grenade dans ses plaines
Répand ses femmes et ses fleurs.

En effet, contrairement à Cordoue, Séville, voire même Malaga, les maisons de Grenade sont peintes de la façon la plus bizarre, ornementées de panneaux, de cartouches, de volutes, de médaillons fleuris, sur des fonds de toutes couleurs, le genre rococo poussé à sa dernière limite. Quelques heures de promenade à l'Alameda nous montrent que non seulement « les vents suspendent leurs haleines », mais que les rayons du soleil filtrent à peine à travers la voûte de verdure formée par les rangées d'arbres qui s'y alignent dans toute la longueur, pendant que toute la Flore grenadine en un vaste parterre, orné de jets d'eau, embaume l'air de ses suaves senteurs.

Enserrée entre les maisons de la vieille ville dans la zone du Zacatin, la Cathédrale n'a pas la richesse de celles de Tolède et de Burgos, mais ses cinq nefs constituent une œuvre grandiose; les quinze chapelles des bas-côtés sont remplies de peintures que l'obscurité empêche d'apprécier. La *capilla mayor*, une des plus somptueuses d'Espagne, est soutenue par vingt colonnes corinthiennes dont les piédestaux portent les statues colossales des douze Apôtres; dans les arcs se développent les œuvres magistrales d'Alonso Cano, éclairées par le demi-jour des vitraux représentant la « Passion ».

Ce qui surtout est digne de remarque, c'est la *Capilla real*, construite en 1506 pour recevoir la dépouille mortelle des Rois Catholiques : des hérauts d'armes, droitement dressés sur des colonnes, montent la garde à la porte de la dernière demeure de Leurs Majestés. Cette Chapelle, vaste comme une église, est divisée en deux par une superbe grille de fer forgé à travers laquelle apparaissent les blanches sépultures : Ferdinand, couronne au front, épée en main, manteau royal aux épaules, dort couvert de son armure; près de lui,

GRENADE — TOMBEAU DE FERDINAND ET ISABELLE. (P. 136.)

Isabelle, en robe de cour, tenant le sceptre, repose avec sérénité; deux lions couchés à leurs pieds, semblent garder le sommeil des souverains dont le visage reflète une indicible expression de paix. Aux angles de ce lit funèbre, tout en marbre de Carrare, siègent les quatre docteurs de l'Eglise.

Du côté de l'évangile, un second tombeau, plus riche encore, a été élevé à Jeanne la Folle et à son époux Philippe le Beau; ici l'Espagne a fourni les marbres pris dans les Sierras.

Une toile appendue au mur de ce côté représente Boabdil au camp de Santa-Fé; le retable de l'autel retrace la reddition de Grenade; les blasons, les initiales du roi d'Aragon et de la reine de Castille brodent toutes les parois; la majesté des augustes défunts emplit ce lieu que Charles-Quint estimait « trop petit pour tant de gloire! »

Devant les mausolées, une grille s'ouvre, un escalier conduit au caveau royal : cinq cercueils de plomb y sont rangés; au milieu, ceux de Ferdinand et d'Isabelle avec leurs initiales couronnées, de chaque côté, le Bourguignon et son épouse, enfin, Don Miguel, frère de Charles-Quint. Et c'est tout!... un cercueil, bardé de fer, voilà où aboutit la gloire, la vaillance, la ténacité de Ferdinand d'Aragon et d'Isabelle de Castille, les conquérants obstinés de Grenade, si décidés à vaincre qu'ils avaient élevé dans la plaine, à quelques lieues de la capitale, le camp retranché devenu la ville de Santa Fé, et cela pour bien montrer quel sort attendait le dernier royaume des Maures. Devant cette nudité des tombeaux, ma pensée reconstituait la scène du deux janvier quatorze cent quatre-vingt-douze, alors que les rois vainqueurs, suivis du cardinal de Mendoza, des archevêques de Séville et de Grenade, de l'évêque d'Avila et d'une nombreuse escorte, s'avançaient vers la ville assiégée. Arrivés au confluent du Genil et du Darro, ils s'arrêtèrent; le cardinal primat, à la tête de cinq cents cavaliers et de trois mille fantassins, gravit la colline des Martyrs et pénètre dans la forteresse. Bientôt après, l'évêque de Grenade, Talavera, élevait par trois fois la croix primatiale sur la Tour de la Vela; le comte de Tendilla arborait l'étendard de Castille, le commandeur de Léon, celui de saint Jacques, pendant qu'un héraut d'armes jetait aux échos les acclamations de la victoire : « Santiago! Castilla! Granada! » L'armée chrétienne applaudit; tous s'agenouillent, le *Te Deum* retentit tandis que le roi répète en pleurant : *Non nobis, Domine, non nobis sed nomini tuo da gloriam.* — Non à nous, Seigneur, mais à votre nom, donnez la gloire!... Boabdil avait quitté l'Alhambra; sur les bords du Genil, au roi d'Aragon qui l'attend, il remet son sceau d'or et part sans traverser Grenade; aux cris de victoire poussés par les chrétiens, le petit roi s'enfuit vers la Sierra. Sur le plateau de Padul, il se retourne, jette un dernier regard à sa ville bien-aimée, au palais enchanteur bâti par ses ancêtres; hélas! il leur faut dire adieu pour toujours!... le roi maure s'arrête, son cœur se serre, il pleure... : « Pleure comme une femme, lui dit sa mère, puisque tu n'as pas su te défendre comme un homme! » On sait que la place où Boabdil pleura reste célèbre, sous le nom de *El ultimo suspiro del Moro*, — le dernier soupir du Maure.

Le lendemain, trois janvier, la reine Isabelle délivrait cinq mille chrétiens captifs, et envoyait leurs fers à Tolède, parer les murs de San Juan de los Reyes où on les voit encore.

Quelques jours après, Ferdinand et Isabelle prenaient possession du palais maure; leur entrée solennelle dans la ville fut triomphale, l'Europe entière salua en eux les sauveurs de la chrétienté, et

Innocent VIII leur conférait le titre mérité de « *Rois Catholiques.* »

Quel contraste, me disais-je! Quelle gloire jadis!... quelle solitude aujourd'hui!... Comme je comprends le geste du jeune marquis de Lombay, François de Borgia, descendant en ce caveau pour accompagner les restes de l'impératrice, femme de Charles-Quint, qu'il ramenait de Tolède : devant la figure décomposée de sa souveraine, il jura de ne plus servir un maître qui pouvait mourir. Et il tint parole.

A quelques pas de la Chapelle royale, une ruelle donne l'illusion de la Grenade des Kalifes, tant sont multipliés les arcs outrepassés et les arabesques gracieuses. Les bazars du Caire et de Damas n'ont rien de comparable avec l'Alcaïceria, malheureusement vide de ses marchands de soieries, de ses foules bigarrées, et servant de marché couvert : les stucs, les colonnes, les fenêtres non ravagés par le temps, donnent une idée de ce qu'était l'édifice, vêtu de brocatelles de gypse, riche de tous les trésors de l'Orient.

Il en devait être ainsi de l'antique cité, les débris retrouvés çà et là indiquent une suite de merveilles et pour la remettre à son état primitif, il faut la restaurer tout entière dans le style de l'Alhambra.

Les Grenadins contemporains ont adopté un autre genre d'ornementation: je l'ai dit ailleurs, ils peignent leurs maisons et mêlent des couleurs que le soleil d'Andalousie harmonise à leur gré, cette peinture fait de certaines rues de la ville, sous le beau ciel d'azur, avec la découpure bizarre des lignes inégales des maisons et des toitures, un tableau d'aquarelle qui a bien son charme.

Dans un grand nombre de villes espagnoles, surtout dans les vieilles capitales, les palais, les hospices, les couvents, les collèges, les théâtres, les églises, les vieilles échoppes et les grands hôtels, les magasins splendides et les baraques sordides, se succèdent dans l'inattendu le plus compliqué; au centre, la cathédrale massive et élancée, sculptée comme une broderie aux portails, aux fenêtres, à la tour ou à la flèche du clocher. A Grenade, il y a, sur tout cela, en certaines rues ou places, plus de relief encore, trace nettement accusée des grandeurs d'antan. C'est ainsi que le quartier d'artillerie — arme d'hier et de demain — occupe un vieux palais mauresque, côte à côte avec de tout autres édifices, sur cette délicieuse promenade de l'Alameda où circulent les eaux glacées du Genil, venues tout droit de la Sierra, alimenter des fontaines monumentales, prodigues de leurs nappes cristallines.

En rentrant à l'hôtel, nous tombons dans un groupe bruyant de petits garçons dépenaillés, occupés à sauter et à caqueter pendant que leurs jolies dents grignotent ou sucent la moelle de bâtonnets qu'ils ont l'air de déguster avec délices. Le plus grand — treize ans peut-être — a devant lui, sur le trottoir, toute une brassée de ces roseaux qu'il offre inutilement aux passants. Dès qu'il m'aperçoit, il se précipite avec sa marchandise, criant : « *Señor, francese!* »... je m'arrête: « Combien ce bâton-là? lui dis-je. »

— « Cinq sous! »... et tous les camarades d'accourir en me présentant leurs bâtons entamés, criant à qui mieux mieux : « Trois sous, deux sous, un sou! »

C'est le prix pour des Français évidemment; mais je suis décidé à faire des largesses : « Tiens, voilà cinq sous pour t'acheter des chaussettes! » et je prends le roseau; aussitôt la petite troupe m'acclame, bat des mains, trépigne, saute et cabriole avec une joie telle que je me disais : « Mon Dieu! comme il est aisé de donner à bon marché du bonheur aux enfants... Je suis volé dans les grands prix, c'est clair, mais la scène ne vaut-elle pas une piécette?... »

Mon gros bâton est une canne à sucre, et je sais des bambins qu'elle rendra heureux pendant un bon quart d'heure, et qui seront tout fiers de dire aux camarades : « Vous n'avez pas vu de canne à sucre, vous, moi, j'en ai mangé! »... N'était-il pas à propos d'emporter, à leur intention, un souvenir particulièrement doux de la fertile Vega?

Pas plus qu'à Séville et à Malaga, le pittoresque ne manque dans les rues de Grenade, grâce aux costumes andalous que les montagnards savent porter mieux que personne, grâce aussi aux habitudes locales, aux usages disparus depuis longtemps du pays de France. Les âniers me rappelaient au vif ce que j'avais vu au Caire et partout dans l'Orient. A certains moments, ce n'est, par les rues, que caravanes de gentils ânes gris, chargés de bois, de légumes, de fruits, de lait, d'huile, se succédant en défilés continuels; quand ils se rencontrent au coin d'une de ces ruelles aboutissant aux grandes artères de la ville, ces Messieurs s'arrêtent, se saluent et crient leur plaisir dans un « hi-han » soutenu au mode majeur; l'ânier survient et à grands coups de bâton sépare les chanteurs qui coupent brusquement leur dernière note et reprennent la marche en trottinant.

Recette pratique, mais cruelle, pour empêcher un âne de braire : un vigoureux coup de bâton appliqué au bon endroit : — ce bon endroit, vous le devinez, est séparé du museau par toute la longueur de l'individu.

La bonne bête que l'âne andalou! il a la générosité des grandes âmes et supporte tout sans rancune; l'ânier vient-il à crier : Arrête! que le voilà immobile : *An ruta*, — en route, — bien entendu,

LA TOILETTE DES MULETS A GRENADE (p. 1[illegible])

il ne comprend que l'espagnol, — il retrottine en cadence, et poursuit son monotone destin.

Le chameau en caravane, bonne bête elle aussi, incapable de se guider elle-même et de reconnaître son chemin, se met sous la direction d'un âne, et c'est chose comique de le voir suivre, avec une docilité sans pareille, les pas et les détours de son guide. Qui prendra enfin l'initiative de réhabiliter les ânes et d'Espagne, et de France, et de partout?

En essayant d'envelopper d'un coup d'œil les divers aspects de Grenade et les souvenirs de sa glorieuse histoire, la pensée dans ce voyage à travers l'époque musulmane se reporte d'instinct vers Séville, vers Cordoue, vers Tolède, ces villes royales qui ont eu leurs jours de grandeur, de prospérité inouïe, et qui depuis!...

L'influence de Tolède fut souveraine d'un bout à l'autre de la péninsule. Dès le temps des rois Goths, ses Conciles y remuèrent tant d'idées, promulguèrent de si justes règlements, firent dans le domaine du dogme et de la discipline un travail si nécessaire, qu'elle était devenue une des capitales intellectuelles du monde. Sous les Maures, elle connut trois siècles de révoltes et de luttes superbes qui finirent, nous l'avons vu, par le triomphe d'Alphonse VI. A Tolède, principalement, l'Espagnol doit la netteté de son tempérament catholique. Maintenant affaissée sous sa gloire, la ville primatiale est un paradis perdu.

Cordoue, la ville orientale par excellence, qui donnait à Rome les Sénèque, les Lucain, les Florus, qui recevait de la domination des Kalifes une telle splendeur que nulle autre ne pouvait lui être comparée, Cordoue est devenue une cité muette et inactive, et n'était son incomparable *mezquita*, elle serait depuis longtemps tombée dans l'oubli.

Si Séville garde un air de grandeur, de vie, de joie exubérante à ses heures, elle ne l'attribue qu'au souci de se montrer catholique; sa vitalité est entretenue par la foi religieuse; mais avec leur esprit chrétien, nous voudrions, dans ces capitales mortes, voir s'épanouir le génie moderne du travail, des industries qui font la force, la richesse et la puissance des nations.

Mais qu'il est lourd à soulever le fardeau des traditions séculaires, et le fardeau plus pesant encore d'une indolence sans égale! Le travail intense, tel qu'il se pratique en France, en Angleterre, en Allemagne, en Suisse, aux Etats-Unis, au Canada, en Australie et ailleurs; cet effort continu et si fécond est-il possible ici?... La question a plusieurs aspects, très différents et d'égale importance et comporte de grandes difficultés; nous les exposerons amplement, peut-être découvrirons-nous qu'il ne suffit pas de dire : « Une telle évolution est nécessaire », pour qu'en réalité elle le soit.

Auprès du peu qui reste de la Grenade musulmane, la Grenade chrétienne pâlit; ses vieux monastères sont dépeuplés, les fils de Saint-Jean de Dieu ne peuvent même plus soigner les incurables dans la ville où leur fondateur et leur ordre virent le jour, et où ils gardent pieusement ses restes; les révolutions leur ont enlevé l'hôpital si richement doté par les Rois Catholiques. Tout près, le couvent de San Geronimo est transformé en école de cavalerie; l'église qui renfermait le sépulcre de Gonzalve de Cordoue est déserte; les cendres du héros ont été jetées au vent, et les sept cents drapeaux qui ornaient la tombe du grand capitaine ont été, avec son mausolée, relégués dans un coin de musée.

Du Généralife, où la curiosité nous a poussés ce soir, nous jouissons d'une vue merveilleuse sur la ville hérissée de tours qui s'allonge en bas, sur les riches campagnes de la Vega, fertilisées par les fleuves dont le flot d'argent se montre çà et là au milieu de l'immense verger, si souvent comparé par les poètes, arabes et chrétiens, à l'émeraude enchâssée dans le saphir. Les montagnes bleues qui dominent cette plaine verdoyante, théâtre de tant de combats, se succèdent avec une gravité solennelle. Ce contraste des monts sauvages et de la plaine fertile, de la ville gracieuse et des rochers abrupts, donne un attrait particulier au paysage, et les Maures, chez lesquels on retrouve quelque chose d'analogue, étaient enamourés de la ville andalouse, pour eux la « *reine des cités* », la « *Damas de l'Occident* », « *une partie du Ciel tombée sur la terre !* » Admiration que les Espagnols résument d'un mot :

Quien no ha visto Granada
No ha visto nada !
« Qui n'a Grenade vu
N'a rien vu ! »

Notre grand poète français est plus explicite dans ces strophes des Orientales :

Grenade a plus de merveilles
Que n'a de graines vermeilles
Le beau fruit de ses vallons;
Grenade, la bien nommée,
Lorsque la guerre enflammée
Déroule ses pavillons,
Cent fois plus terrible éclate
Que la grenade écarlate
Sur le front des bataillons.

L'Arabie est son aïeule,
Les Maures, pour elle seule,
Aventuriers hasardeux,
Joueraient l'Asie et l'Afrique;
Mais Grenade est catholique,
Grenade se raille d'eux;
Grenade, la belle ville,
Serait une autre Séville
S'il en pouvait être deux.

XIV.

VERS MADRID

19 avril. — Vers Madrid. — A travers la Vega. — Causerie avec un dignitaire du Clergé, — précise travail, — salaire, — nourriture, — misère des ouvriers agricoles. — *X non est timenndous (timendus).*

Mercredi, 19 Avril.

Une heure! A la porte de l'hôtel, les chevaux piaffent d'impatience; ils ont hâte de nous porter à la *Estacion* après une dernière promenade à travers la cité grenadine. Avec regret nous disons adieu à son site enchanteur, aux monuments superbes, témoins de la gloire des anciens maîtres, et nous nous mettons en route pour la capitale vivante que le temps ne nous a point permis d'explorer plus tôt. Le soleil est radieux, il dore de ses rayons la magnifique campagne que nous traversons, la Vega de Grenade, si fertile et si belle, qu'aucune des cités arrosées par le Genil, tant bien cultivées soient-elles, ne peut lui être comparée: jardin immense chargé de fleurs et de fruits.

A quatre heures, nous sommes à Moreda, village situé à douze kilomètres : impossible de l'apercevoir du train qu'il nous faut changer ici, puis encore à Baeza, ville célèbre de dix-huit mille habitants, dans la haute vallée du Guadalquivir. Ce « royal nid de faucons » abritait à l'époque de sa prospérité sous les Maures une population de cent cinquante mille âmes; la guerre la dépeupla au profit de Grenade en emplissant de ses colons le faubourg de l'Albaycin; mais elle est toujours fière de son passé, et ses processions le disputent pour la splendeur à celles de Séville.

Dans le lointain apparaissent des montagnes que la lumière revêt de teintes vaporeuses admirables : tout à coup un vent glacial se lève, les nuages surgissent et s'accumulent, une pluie froide tombe par averses, si abondante, que nous sommes contraints de chercher un refuge dans les voitures mêmes du train que nous devrons quitter à l'arrivée de celui qui nous mènera à Madrid; il vient paisiblement avec... *deux heures de retard.*

Sur le quai, j'avais remarqué un ecclésiastique de grande taille, belle prestance, figure ouverte, attendant lui aussi, au milieu de groupes nombreux qui semblaient attentifs à sa conversation; le chef de gare lui-même l'écoutait avec plaisir. « Si je puis le happer, pensais-je, j'aurai par lui des renseignements utiles sur le pays traversé. » Je n'eus pas besoin de jeter l'hameçon; l'abbé vint directement à la portière du wagon dans lequel je venais de m'installer, l'explora des yeux pendant une minute, et prit place en face de moi.

Après un instant d'observation : « Parlez-vous français, Monsieur? dis-je. »

— « Un peu, mais mal. »

— « Oh! je suis sûr que vous me comprendrez. Je viens de parcourir une partie de l'Andalousie, le côté le plus renommé, le plus fertile, on y trouve tous les éléments de la richesse, mais le travail qui les met en œuvre laisse, je crois, beaucoup à désirer. Les cultivateurs ne sont-ils pas un peu paresseux; qu'en pensez-vous? »

— « Comment en serait-il autrement avec la mauvaise organisation de la propriété? Nous allons rouler pendant dix lieues sur les terres du duc de X*** qui ne les a jamais visitées, jamais vues peut-être. Quarante mille tenanciers dépendent de lui autour de nous; ces pauvres gens sont la proie des régisseurs, intendants et sous-intendants de toute dénomination, chargés non pas de trouver les moyens d'améliorer le sol, d'indiquer ou de procurer les meilleurs procédés de culture, de favoriser le travail et les travailleurs, mais simplement de percevoir les fermes, de faire rentrer l'argent, qui s'en ira loin de là, à Madrid, ou à l'étranger, gaspillé en dépenses de luxe. »

— « Puisque l'occasion se présente favorable, voulez-vous me permettre quelques questions sur la vie des laboureurs? Que gagnent-ils dans ces provinces? »

— « Le salaire du *bracero*, c'est-à-dire de l'ouvrier loué, pour un mois, ou pour toute la saison, des semailles aux batteries, sous la direction du *labrador*, — tenancier, — est de *soixante quinze* centimes par jour; il y a dix ans, ce n'était que soixante-cinq. »

— « Beau profit, qu'un gain de un centime par an! »

— « Avec des travaux supplémentaires, le *bracero* peut gagner jusqu'à *un franc cinquante* par jour, mais c'est bien rare; et remarquez que la saison passée, pendant les deux tiers de l'année, il est sans ouvrage. »

— « Et combien d'heures de travail pour une somme si modique? »

— « Douze heures au minimum, mais il faut avouer qu'il ne se presse pas. »

— « Je comprends; il en donne pour son argent. Est-il bien nourri au moins? »

— « Ah! ce n'est pas le côté le plus brillant de sa situation. Chaque mois, il reçoit quarante-deux kilogrammes de pain, trois litres d'huile, quatre de vinaigre, un peu de sel et d'ail, quelques légumes secs et fruits pour environ deux francs. »

— « Est-il vrai que le pain à la campagne est détestable, l'huile rance et les fruits gâtés? »

— « Nos gens s'en contentent; ils y sont tellement habitués : leur *telera* — sorte de pain — est dur comme le coin de fer dont il porte le nom, mais il passe tout de même, en soupe chaude ou froide. »

— « Vous avez des soupes froides? »

— « Sans doute, dans les champs... Le matin, le *bracero* déjeune d'*ajo caliente.* »

— « Quoi! ce ragoût infect d'ail, de sel, d'huile rance et de farine avariée?... »

— « A midi, il y a mieux; il y a le *garbanzo.* »

— « C'est?... »

— « Un potage de pois chiches remarquables par leur dureté. »

— « Et le soir? »

— « Le soir, eh! c'est encore l'*ajo caliente*, mais qui cède quelquefois la place au *gazpacho :* c'est la soupe froide assaisonnée de vinaigre. »

— « Sont-ils bien logés vos *braceros?* »

— « La nuit, ils la passent à la *gañania :* je vous avoue que je ne voudrais pas habiter cette horrible salle, malpropre, sans lumière, sans air, avec un feu fait d'excréments des ruminants, de fenouil vert, dégageant une fumée et une odeur si insupportables qu'il faut éteindre ce foyer pour pouvoir y dormir. »

— « Et les lits? »

A ces mots, le vénérable abbé se mit à rire. « Les lits, dit-il, ce sont des nattes étendues sur la terre ou des sièges en maçonnerie. »

— « Est-ce que la femme, les enfants supportent aussi ce genre de vie? »

— « Nullement, ils ne sont pas là. La famille est restée au village, à la ville, à trois ou quatre lieues ».

— « Alors, les hommes sont seuls, sans leur famille, dans le désert des champs pendant de longs mois? »

— « Tout le temps des semailles et tout le temps de la récolte; si le travail est à la vigne, c'est la même chose. »

— « Oh! Monsieur, quel tableau vous me présentez de la vie agricole dans ces campagnes andalouses tant vantées! »

— « En réalité, elles sont très pauvres, au moins par endroits, et quand la pluie manque, c'est la famine. »

— « Et la famine amène les soulèvements de paysans comme en 1902, c'est inévitable; je me souviens du pillage des boulangeries à ce moment. »

— « C'est notre gros souci, à nous, prêtres, qui désirons tant l'amélioration matérielle et morale des classes ouvrières! »

— « Savez-vous le rendement à l'hectare, des champs de blé que nous avons traversés? »

— « Rarement plus de six hectolitres; le malheur est qu'on s'attache à un mauvais mode de culture par le système des *tres hojas*, — des trois feuilles, — qui consiste à cultiver seulement le tiers du domaine, en labourant le second tiers pour l'année suivante, laissant reposer le reste. »

— « Tout cela est tristement arriéré; pour comble vos paysans font de l'Espagne un désert en abattant partout les arbres, provoquant ainsi la sécheresse; ils se plaignent ensuite, sans songer que leur vandalisme est la cause du mal.

« Personne ne cherche-t-il à remédier à une situation qui rend si précaire l'avenir du travailleur rural? »

— « Quelques-uns de nos grands propriétaires s'appliquent à modifier ce triste état de choses, par de faibles redevances et à long terme, ou en donnant en toute propriété les terres cultivées pendant vingt ans avec cette seule restriction qu'elles resteront dans la famille du cultivateur; d'autres les ont simplement partagées entre leurs tenanciers. Il y a quelque vingt ans, un très riche seigneur a divisé un de ses immenses domaines, le cédant aux ouvriers pour défricher et planter pendant douze ou quinze ans, après quoi le bien appartiendra moitié au *labrador*, moitié au *braceros;* le prolétaire sera ainsi propriétaire. C'est un bon commencement, mais seulement un commencement. »

— « On dit les grands d'Espagne généreux pour tout ce qui concerne la religion, l'entretien des églises, des écoles, des hôpitaux, en un mot, des établissements de bienfaisance sur leur territoire? »

— « C'est exact; de ce côté, ils remplissent largement leur devoir de chrétiens, il faut leur rendre justice. »

— « Leur grand tort, à mon avis, c'est de ne pas résider sur leurs terres, s'intéresser à la culture, diriger le cultivateur : l'absentéisme des propriétaires, l'ignorance et l'insouciance des travailleurs, voilà des facteurs de misère. Et pendant les années de bras croisés de vos Andalous, d'autres races, d'autres peuples entrent dans la vie intense, travaillent et prospèrent. Je voudrais voir les peuples catholiques à la tête de tous les progrès : c'est leur honneur d'être les plus moraux, les plus humains; il les faudrait aussi les plus laborieux, les plus instruits, les plus influents par conséquent.

Le clergé se préoccupe-t-il de développer l'instruction primaire? c'est essentiel, vous savez. Dans ma course à travers l'Espagne, j'ai vu quantité d'enfants vaguer par les rues aux heures de classe; tout ce petit monde, flâneur aujourd'hui, sera naturellement un jour fainéant. »

— « J'en conviens, et je sens bien qu'il est grand temps d'y remédier. »

— « Profitez donc de votre influence et sur les parents et sur les enfants, pour préconiser la fréquentation de l'école, la pratique du travail, le devoir social chez les riches... »

— « Le conseil est bon, mais *Andalou* vaut *indolent*, vous savez. »

— « C'est qu'il y va de l'avenir de l'Espagne tout simplement. »

— « Vous croyez? »

— « Sans aucun doute; dirigez donc le progrès de ce côté si vous ne voulez pas que toute direction vous échappe, ce qui arrivera certainement un jour ou l'autre, ne voyez-vous pas les agissements qui se préparent en haut lieu; suivez les déclarations de... »

Mon interlocuteur ne me laissa pas achever :

— « Vous vous trompez, dit-il, celui dont vous parlez n'est pas à craindre, soyez-en sûr. »

Toute cette conversation commencée en français avait dérivé assez vite vers le latin, plus familier à mon agréable causeur, et j'ai encore dans l'oreille l'accent, le son de ces derniers mots : *X*** non est timendus.* « Ah! repris-je : *Credo quod sit timendus, imo valdè timendus.* Je crois qu'il est à craindre et beaucoup! »

— « Mais non, mais non. Et puis, il n'est pas seul le maître; si c'est nécessaire, un tour de main le renverse; c'est vite fait avec le peuple Espagnol. »

— « Je le souhaite pour le bien de votre pays, mais je n'en crois rien. »

Là finit notre longue causerie. Monsieur X*** prit valise et parapluie et me serrant la main : « Je vais vous quitter, dit-il, demain, je dois avec mon Evêque faire la visite des paroisses du diocèse. »

En voyant s'éloigner cet homme si intelligent, je me pris à regretter qu'il y ait encore autant d'illusion dans le clergé le plus distingué d'Espagne.

Il est dix heures : au dehors, la nuit reste pluvieuse, obscure et froide; au dedans, le nuage opaque des pipes et cigarettes espagnoles ajoute le désagrément de son âcreur et de son odeur à l'ennui de passer si brusquement des charmes printaniers de la Vega Grenadine aux solitudes plus que fraîches de la Nouvelle-Castille. En vain nous appelons le sommeil; malgré le balancement du train qui berce comme le roulis d'un navire, nos paupières restent ouvertes pour nous faire constater à Alcazar de San Juan que l'aurore — aux doigts de rose, a dit Homère qui les avait vus — fait son apparition, d'abord timide, puis assurée dans le calme d'un beau matin. Deux heures plus tard, le soleil sera assez aimable pour éclairer en notre honneur les bosquets, les jardins, les eaux du domaine royal d'Aranjuez, recouvert de bois d'oliviers, de mûriers, de champs cultivés, de vignes aux crus les plus renommés, sur une étendue de trente kilomètres; heureuse innovation dans ce coin solitaire et qui peut servir de modèle à tant d'autres; mais... où est cet intelligent souci parmi ceux auxquels il serait utile?... Il y a pourtant, à peu de distance, une école d'agriculture, qui permet d'espérer pour l'avenir.

Les cinquante kilomètres qui séparent Aranjuez de la capitale sont franchis rapidement au milieu d'une campagne nue, triste, sans arbres, sans habitations, désolée comme un désert. Voir surgir tout à coup de ces landes stériles une ville immense et bien bâtie donne une de ces sensations aiguës qu'on n'oublie jamais.

XV.

MADRID

20 avril. — Madrid. — Au Prado. — Dans le *real Museo*. — Devant le *Palacio real*. — Le roi et la reine appréciés par un Espagnol. — Salut au Manzanarès. — La *Puerta del Sol*.

Jeudi, 20 Avril.

Nous sommes à peine arrivés à la *Salida* — sortie — que les guides, les interprètes, les mozzos, même les directeurs d'hôtel se disputent notre humble personne; la lutte commence amusante, puis, elle devient embarrassante, mais n'excite pas le moindre brin de vanité, car nous savons bien que ces excès d'attentions, ces prévenances s'adressent moins à la personne que l'on voit, qu'à la bourse qu'on ne voit pas; elle a toutes les civilités, Calino seul pourrait en douter.

De la gare d'Atocha, la voiture nous emporte par les grands *Paseos* — boulevards — vers la Puerta del Sol, si renommée dans l'Espagne entière. Dans les rues, à cette heure encore matinale — neuf heures — c'est l'aspect des gens affairés de nos grandes villes : les boutiques s'ouvrent, les trottoirs se balaient, les marchandises s'étalent, les laitiers passent, les ménagères vont aux provisions; c'est le chassé-croisé de l'alimentation quotidienne, ralenti dans certains quartiers, plus actif dans d'autres, en substance, le même partout.

A mesure qu'on approche du centre, la circulation s'accentue : aux gens affairés se mêlent de simples promeneurs; d'intrépides flâneurs vont et viennent, binocle aux yeux, tête au vent, regard inquisiteur qui se pose partout en quête de nouveau, et ne s'arrête nulle part. Je reconnais bien là, d'un coup d'œil, dans la capitale espagnole, les visions familières de la capitale française; il faut s'attendre d'ailleurs à retrouver dans cette ville moderne, de larges rues, très droites, très propres, bordées de hauts édifices : palais seigneuriaux, maisons de banque, grands magasins, hôtels et fon-

DANS LA CALLE MAJOR, IMMÉDIATEMENT APRÈS L'ATTENTAT CONTRE LES SOUVERAINS D'ESPAGNE. (P. 156.)

das... ayant la même physionomie à Paris, à Bruxelles, à Londres, à Rome même, dans les endroits où la Ville Eternelle jette un

PALAIS ROYAL DE MADRID. (P. 156).

vêtement neuf sur les ruines de la cité antique, et j'avoue que je ne suis guère intéressé par ces banales activités.

Pour être vrai, cependant, je dois dire que Madrid est remarquablement belle, vivante, rendue à mes yeux plus agréable encore par un gai soleil d'avril, assez tempéré pour faire mentir le dicton :

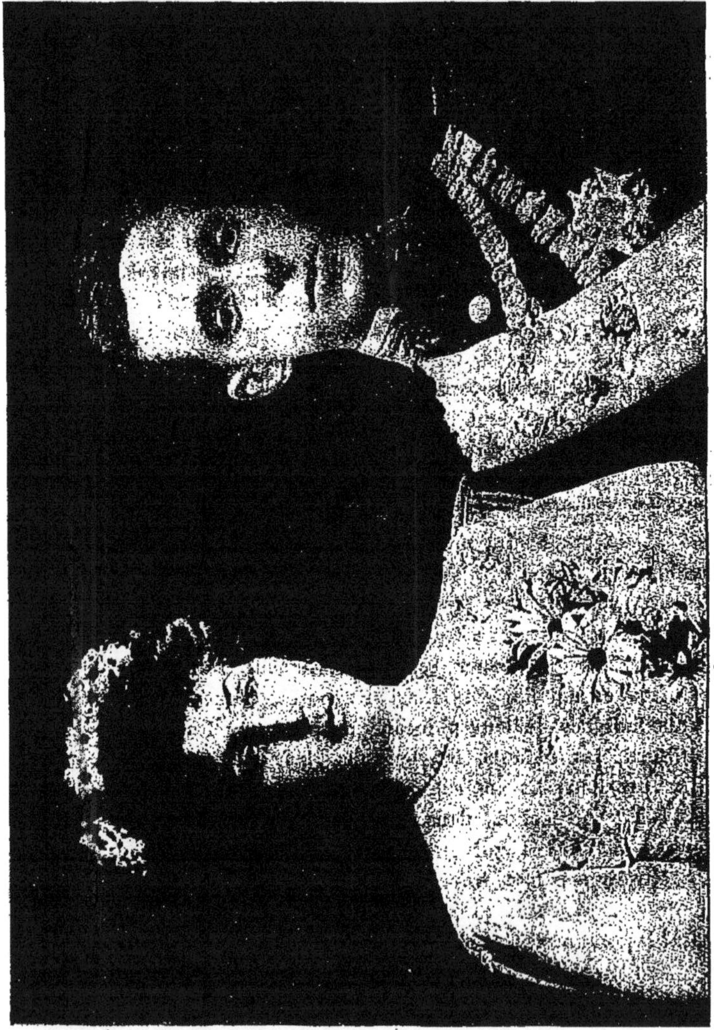

LE ROI ET LA REINE D'ESPAGNE. (P. 156.)

« A Madrid, trois mois d'hiver, neuf mois d'enfer ! » et cet autre : « L'air de Madrid n'éteint pas une chandelle, mais il tue un homme. »

Ces cruelles expériences ne sont pas pour nous, nous sortirons indemnes de cet *air homicide* et nous garderons un bon souvenir de la douceur de son atmosphère. Notre première visite fut pour le *Real Museo*, l'un des plus riches de l'Europe; le nombre des chefs-d'œuvre qu'il renferme est supérieur à celui de notre Louvre. C'est par dizaines, par cinquantaines que l'on peut contempler et comparer les Murillo, les Velasquez, les Ribera, Zurbaran, Titien, Véronèse, Raphaël, Van Dyck... Il y a plus de soixante Rubens, au moins cinquante Tintoret et Téniers. Rien de plus rare et aussi de plus beau qu'une telle collection de tableaux des maîtres les plus renommés; il faut aller jusqu'aux Galeries de Florence pour retrouver une pareille profusion.

Il ne suffit pas d'un coup d'œil attentif autant que curieux pour saisir et surtout mesurer la différence de style, de coloris, d'harmonie, de vigueur, d'imagination, de fantaisie entre ces artistes au génie savant et profond, mais tellement personnel, original que l'inattendu arrête souvent. Un moderne a pris place parmi ces grandes renommées, Goya, qui arrive à des effets surprenants en se servant la plupart du temps, au lieu de pinceau, d'objets tombés sous sa main: éponges, balais, torchons, etc.

Le plaisir d'étudier tant de chefs-d'œuvre est doublé par le bel éclairage des salles, dont plusieurs de grande dimension : cinquante mètres de longueur sur dix de largeur et autant de hauteur : tant de conceptions sublimes, de scènes grandioses, ou tragiques, ou populaires, tant de manifestations de vie saisie par le côté caractéristique, laideurs et beautés, faisceaux d'ombre et de lumière, également fantastiques, versent dans l'intelligence un flot de pensées d'où jaillit, intense et violente, une émotion prolongée : C'est le privilège des chefs-d'œuvre de provoquer un retentissement dans l'âme entière. Les peintres espagnols, dit Henri Regnault, n'ont pas regardé les mendiants indignes de leur pinceau pas plus que les rois; les nains, les pouilleux, les enfants, les haillons, les chevaux, les carrosses, tout leur est bon; ils ne rejettent rien comme vil et grossier; à vous de faire votre choix dans tout ce qu'ils vous présentent.

Le *paseo del Prâdo* qui entoure de ses frais ombrages l'incomparable Musée est une immense promenade — près d'une lieue d'étendue — fréquentée assidûment par la société madrilène, surtout dans la partie située entre la rue d'Alcala, et la rue San Geronimo, et qu'on nomme le Salon; là, sont disposés bancs, fauteuils et chaises, séparés, par une sorte de barrière, d'une large allée macadamisée, réservée au passage des voitures, — un peu l'Avenue des Champs-Elysées, à Paris. — La pyramide du *Dos de Mayo*, triste souvenir de l'occupation française en 1808, s'élève à l'extrémité, et rappelle le dévouement de trois officiers d'artillerie qui se sacrifièrent pour la défense du quartier de Monteleon.

La matinée avait été fatigante; un repos s'imposait; nous le prenons en errant un peu à l'aventure dans les rues et les places, repos agréable qui permet de voir à l'aise la population madrilène évoluer dans toutes ses phases et sous tous ses aspects.

PALAIS ROYAL DE MADRID — ESCALIER D'HONNEUR. (P. 156.)

« Madrid a le Manzanarès! » a dit Victor Hugo; allons donc voir ce fleuve célèbre, tant raillé par les poètes et les romanciers.

De la *Puerta del Sol*, point central de la ville, qui n'est ni une porte, ni un passage, mais un immense carrefour, où viennent aboutir les principales artères et qui doit son nom à un énorme soleil aux rayons fulgurants sur la façade rose d'une église, nous allons par la *Calle Mayor* à la recherche du petit fleuve, « la félicité des Espagnols ». A gauche, près d'une chapelle dédiée à la Vierge, un monument a été élevé par Alphonse XIII en reconnaissance de la protection divine accordée à la famille royale en cet endroit le 31 mai 1906. On se souvient de l'horrible attentat dont le roi et son épouse faillirent être victimes le jour de leur mariage en rentrant au Palais. L'inscription commémore le fait et cite les noms de ceux qui furent frappés par la bombe homicide.

A l'extrémité de la rue, voilà en face une vallée étroite et profonde, et voici le torrent; à mon humble avis, ce nom lui sied mieux que tout autre, car comment peut-on appeler fleuve ce lit desséché pendant six à huit mois de l'année? En ce moment, il a quelque peu d'eau, mais dans un mois?... Les visiteurs pourront renouveler la plaisanterie de ce Français, de passage à Madrid : Un soir, au retour d'une promenade, il appelle le garçon de service : « Garçon, un peu d'eau, s'il vous plaît? » Le mozzo complaisant s'empresse d'apporter carafe et verre : « Portez cela au Manzanarès, dit-il, il en a grand besoin pour se désaltérer ».

Du haut de la colline, nous envoyons à l'humble cours d'eau un salut de sympathie et d'encouragement, lui souhaitant de devenir un jour une vraie rivière, jalouse de ne pas laisser absorber ses eaux par les rayons du soleil d'été; déjà nous le félicitons d'être venu se poser là tout exprès pour que Madrid ne soit pas la seule capitale d'Europe dénuée d'eaux vives.

Un coup de barre à droite, et de ce côté, nous avons toute la ville; à gauche, promenades et jardins, vraie cascade d'arbres au frais feuillage dévalant jusqu'au torrent; devant nous, un monument, aux proportions grandioses qui augmentent à mesure que diminue la distance. C'est le *Palacio real*, — palais royal, — précédé de la *Plaza de la Armeria*, — des Armures; — des officiers y caracolent sur leurs vigoureux petits chevaux. Aux coins de la *Plaza de Armas* qui fait suite à la première, des gardes à cheval, immobiles, font faction, pendant qu'une foule de promeneurs, d'enfants, avec leurs bonnes, causent, discutent, ou s'amusent en humant avec délectation l'air doux et chaud de cette belle après-midi d'avril.

Etonné de voir cette multitude sur la cour qui précède immédiatement le bâtiment royal et craignant de me tromper sur sa destination, je m'adresse à un homme, fonctionnaire du palais, qui justement s'avance vers moi.

— « Où sommes-nous ici? dis-je. »

— « Au Palais Royal », répond-il en français. Et il nous en

PALAIS ROYAL DE MADRID. — SALLE DU TRONE. (P. 156).

explique la disposition : en face, les appartements royaux; à droite et à gauche, ceux de la reine-mère et de la princesse de Battenberg. »

— « Et les sœurs du roi? »

— « Avant le mariage de don Alfonso, elles logeaient au palais; quand Victoria est entrée à la cour, elle les a priées de se retirer, sous prétexte que le *home* royal ne devait abriter que les seuls souverains. »

— « Mais les Infantes cependant?... »

— « Les Infantes ont leur hôtel en ville; seules, sa mère et la mère du roi, la reine Christine, sont admises au palais. »

— « Comment le peuple de Madrid a-t-il jugé cette expulsion? »

— « Il n'a pas donné son appréciation, et puis, cela n'aurait rien changé à l'affaire; la décision était prise; quand Victoire a parlé, elle est obéie. Vous savez : elle est Anglaise la reine, et quoique très bonne, elle conserve le caractère froid et hautain de son pays; entre elle et le peuple, il doit toujours y avoir une distance; ainsi tenez, il existait une coutume bien innocente, mais qui avait son cachet de gracieuse intimité : l'Espagnol a pour ses souverains, de temps immémorial, une affection profonde; s'il rencontre les jeunes princes à la promenade, il s'arrête, cause, serre la main, et au besoin, les embrasse affectueusement; cette coutume vient d'être supprimée : depuis plusieurs mois, les infants royaux portent au cou, en guise de broche ou de médaille, cette inscription : « *No me bese!* » — ne me baisez pas. — Ces trois mots ont blessé l'âme du peuple à Madrid. »

— « Je ne la blâmerai pas de cette défense; Victoria est reine, c'est vrai, en cette qualité elle se doit à son peuple; mais elle est mère aussi, et à ce titre, son devoir est de veiller scrupuleusement à la santé de ses enfants; la vieille habitude pouvait être touchante, elle est singulièrement dangereuse. »

— « Mère de famille, elle l'est, et bonne, je l'ai dit; elle aime le roi, ses enfants, son intérieur; mais, ce n'est pas pour cela seulement que nous accordons chaque année douze millions à la cour! La reine n'aime pas les fêtes, elle en donne relativement peu, le commerce en souffre; les Grands, les Ducs, les Seigneurs de tout grade, autrefois très brillants, imitent l'exemple des souverains, et le commerçant ne reçoit que peu de chose de l'or versé si abondamment. »

— « Alors, la reine n'est pas sympathique en Espagne? »

— « Tout de même, et le roi l'est tant; c'est le véritable Espagnol, affable, brave autant que bon; il passerait en ce moment, vous le verriez saluer et causer sur la cour comme un simple promeneur. »

— « Est-ce qu'il sort seul; ne se fait-il pas accompagner? »

— « Pourquoi? »

— « Pour éviter tout accident; n'a-t-il pas, deux fois déjà, failli être victime des idées anarchistes, ici et à Paris? »

LA REINE-MÈRE D'ESPAGNE. (P. 158).

— « Des objections semblables lui ont été faites maintes fois; le roi répond toujours : « Si on en veut à ma vie, qu'on m'attaque moi seul, face à face, pourquoi exposer sans nécessité des braves dont les services sont si utiles au pays? Je me fie à mon peuple, la meilleure garantie pour moi, c'est son affection; et de fait, Don Alfonso est très aimé; il est jeune, bien vivant, grand amateur de sports, infatigable au polo; tenez, hier, il rentrait de Bordeaux par l'Express de deux heures; à six, il avait déjà lassé six chevaux!... que voulez-vous, c'est de son âge!... Gouverner lui sied moins, il en laisse le soin à ses ministres, le goût lui en viendra plus tard, sans doute; pour le quart d'heure, nous ne trouvons pas mauvais qu'il s'amuse. »

— « Peut-on visiter le palais? »

— « La chapelle royale seulement; même en l'absence des souverains, les appartements ne peuvent être ouverts que sur autorisation spéciale. »

Je félicitai cet homme de son attachement à la royauté : « Gardez jalousement vos rois et vos traditions, lui dis-je, l'Espagne a tout intérêt à ne pas faire l'expérience d'un changement de Gouvernement; douze millions ne suffiraient pas pour la liste civile des roitelets républicains. »

Pendant cette conversation, nous admirions les belles lignes architecturales de ce monument que je trouve bien supérieur à sa réputation. On le dit lourd; il ne m'a point paru tel, mais plutôt imposant; la richesse de l'ornementation n'est pas dépourvue d'élégance et son harmonie laisse les yeux satisfaits. Et n'est-ce pas chose aimable que cette foule prenant ses plaisirs sur la cour d'honneur du palais, sous les yeux mêmes du roi qu'on dit être dans ses appartements? Quantité de charmants petits soldats ont l'air de traiter d'affaires importantes avec de jolies bonnes, types féminins de la race madrilène; elles sont si attentives et si joyeuses en même temps aux dires des militaires, qu'on peut les étudier à l'aise et caractériser la femme de Madrid, petite de taille, teint d'une blancheur d'albâtre, joues légèrement rosées, qui donnent plus d'éclat encore aux admirables yeux noirs, taillés à l'amande, lumineux et profonds, sous l'abondante chevelure aux belles et lourdes nattes que nous avons vues partout en Espagne. La *mantilla* sied ici comme à Séville, comme à Grenade, et donne une grâce de plus à ces jolies têtes.

De la Galerie Ouest, au delà du Manzanarès, le *Campo del Moro*, — maison de campagne du Palacio Real, en petit le Généralife de Grenade — nous apparaît dans la splendeur d'un soleil couchant qui met de l'or dans les arbres, sur les eaux, parmi les rochers : spectacle charmant, heure délicieuse, qu'on voudrait prolonger indéfiniment: c'est, sans doute, d'une contemplation semblable, qu'est né le dicton espagnol : « La félicité parfaite consiste à vivre au bord du Manzanarès; au Paradis même, le bonheur ne sera complet que si on peut apercevoir Madrid par une lucarne! »... Mais l'éclat de la lumière s'apaise, les teintes se font vaporeuses, l'ombre se pose doucement sur les choses, dans les lointains; je la vois s'avancer vers nous lentement; lentement aussi nous la fuyons en rentrant dans la capitale où se retrouvent le mouvement, la foule, le va-et-vient incessant des promeneurs, le bruit des interminables discussions, des mille causeries qui se poursuivent, se mêlent, s'interrompent, se reprennent, s'égarent et se retrouvent après une série de déviations. A en juger par les abords de la Puerta del Sol, l'Espagnol pratique l'activité de la langue autant que celle des jambes; sur aucune autre place, il n'y a semblable animation.

Comme à Paris, les équipages sont brillants, les chevaux fringants; quand la Grandesse défile du Prado et rentre par la *Calle Mayor et la Calle Arenal*, ils dépassent la juste mesure; il faut alors une grande vigilance pour n'être pas écrasé en traversant la chaussée; heureusement, gardes à cheval et sergents à pied sont là et font bonne besogne au moment convenable.

Un bon point aux Madrilènes pour leur invariable habitude de réserver un trottoir pour l'aller, l'autre pour le retour; avec ce système logique et simple, il peut y avoir et il y a presse, mais pas de mêlée inextricable comme il arrive au pays de France.

Le moment le plus intéressant pour l'observateur est le soir, de huit heures à minuit; à côté des négociants qui discutent sur le prix des marchandises, essayent de s'entendre, — par feinte la plupart du temps — au fond, chacun ne vise qu'à tromper son voisin, il y a les vieillards qui, non contents de venir prendre leur bain de soleil pendant le jour, prolongent la soirée dans l'espoir de prolonger aussi leur mourante vieillesse.

Voici les jeunes, au pas saccadé, rapide, emportés par la fougue de leur âge, ils ne discutent pas, ils parlent de tout, voltigent sur tous les sujets, butinent toutes les fleurs, ne se posant nulle part, rieurs, heureux, contents de vivre cette heure, sans chercher si elle est la répétition de celle d'hier en gestation de celle de demain.

Et les dix ou douze rues qui aboutissent à la Puerta del Sol jettent sans cesse dans la multitude des centaines et des milliers d'autres flâneurs ou affairés; affairés qui passent, flâneurs qui restent, créanciers qui font la chasse à leurs débiteurs; amis qui cherchent leurs amis, politiciens qui complotent, préparent des pièges à leurs ennemis, journalistes à l'affût des nouvelles; vraies ou fausses, ils les emmagasinent dans le tiroir de la mémoire, et demain, le produit de ces rencontres fera le tour de l'Espagne et du monde, assaisonné à toutes les sauces par la presse de tous les partis.

La gaieté, une gaieté exubérante, déborde de partout, les saluts criés à grande voix, les poignées de main multipliées à l'infini, les joyeuses acclamations à chaque nouvelle rencontre en sont l'irrécusable témoignage. On a l'impression que c'est toujours fête sur cette célèbre place, pour ce peuple toujours heureux, et du matin au soir, c'est un perpétuel recommencement. Ajoutez à tout le vu, l'air délié et presque chevaleresque des petits marchands de bric-à-brac, leur boutique au cou, humant l'air en même temps que la cigarette; les portefaix chargés de leurs fardeaux, les crieurs de journaux, les bandes d'écoliers, les pelotons de soldats, les artistes en guitare, les vendeurs d'*Agua*, les paysans, les mendiants, les aveugles, les toreros;... et pour compléter le tableau, de longues files d'ânes, chargés de paille hachée, enserrée dans des résilles de cordelettes; — un détail : l'âne *coronel* a toujours un petit plumet ou un pompon qui marque sa supériorité dans la hiérarchie de la gent à longues oreilles, tout cela forme un pittoresque inattendu, traversé de temps à autre par un air de mandoline gracile et délicieux.

XVI.

L'ESCORIAL

21 avril. — L'Escorial. — La chapelle du monastère. — Le Panthéon des rois. — Chez Philippe II. — Français de cuisine espagnole. — Bibliothèque. — *De la logique d'Augustin*, délivrez-nous, Seigneur. — Le dernier roi des Patones.

Vendredi, 21 Avril.

« Un aller et retour pour l'Escorial, s'il vous plaît! »

C'est à la *Estacion del Norte*, vers neuf heures du matin, que nous faisons cette demande. A neuf heures vingt, le train s'ébranle, se courbe pour aller joindre une plaine fertile, des jardins plaisants, quantités de villas qui font les délices des Madrilènes à la saison d'été; c'est Pozuelo, puis bientôt *Las Rosas*, non loin du domaine royal du *Pardo*, ancien rendez-vous de chasse avec des bois très étendus, peuplés de gibier abondant qui peut s'abreuver au Manzanarès et s'ébattre à l'aise entre des murailles de quatre-vingts kilomètres de développement.

Maintenant, le chemin côtoie des collines entre lesquelles serpente un charmant ruisseau. Est-ce l'eau fraîche et murmurante, est-ce le gai soleil du printemps, ou les lavandières occupées à battre le linge et à travailler de la langue, qui donnent à cette solitude un aspect plaisant et reposant? Je ne sais; mais on se surprend à dire : Voilà un petit coin de terre où il ferait bon dresser sa tente pour y philosopher sans dérangement!... Une eau courante au pied de rochers escarpés m'a toujours paru la première condition du bonheur.

Mais le train ne laisse pas le temps de s'installer, même en rêve, et nous emporte vers des lieux plus sévères. Au-dessus des collines, des champs de neige s'étalent sur la chaîne du Guadarrama; le sol aride, rocailleux, monte insensiblement jusqu'à une altitude de plus de neuf cents mètres; nous arrêtons; c'est l'Escorial.

Pourquoi un palais royal dans ce coin triste et désolé?

Il faut en demander le secret au caractère de Philippe II... Au siège de Saint-Quentin, ce roi avait été amené par des nécessités stratégiques à bombarder la ville et l'église dédiée à saint Laurent; le remords lui inspira le vœu de rendre au saint Diacre un monument plus vaste, plus beau que celui qu'il avait détruit. De là l'Escorial : Eglise, palais, monastère, séminaire, en bâtiments disposés pour imiter le gril sur lequel le généreux martyr a couronné son sacrifice.

MADRID. — L'ESCORIAL. (P. 163)

C'est un immense édifice de granit, de couleur grise, terreuse, qui ne dit rien à l'œil; la masse est imposante, mais d'une monotonie que signalent, plutôt qu'elles ne la rompent, ses onze cents fenêtres et ses quinze grandes portes. Les logements de toute sorte dans le palais, le collège et le couvent sont de quatre mille cinq cents. Un soleil brûlant règne en maître dans l'étendue de la cour où l'on chercherait vainement l'ombre hospitalière d'un arbre. Nous n'avons garde toutefois de pénétrer dans l'intérieur sans examiner la façade principale et ses portails monumentaux; nous entrons :

PHILIPPE II, par A. MORO *(Musée du Prado)*. (P. 164).

du pays de la chaleur, nous sommes passés à celui de la fraîcheur, les grands murs épais de cinq mètres, les corridors à large envergure, le granit à droite, à gauche, sous les pieds, sur la tête, tout donne l'impression du froid, tout accable comme l'atmosphère d'une chambre sépulcrale.

La chapelle, ou pour mieux dire l'église, est vaste, claire, lumineuse; elle plaît d'abord par le contraste avec les couloirs qui la précèdent; le granit fait place au marbre, blanc dans le pavement, de couleur variée au revêtement des murs, rare et précieux dans les autels principaux, pur Carrare pour les statues groupées un peu plus haut. Quatre énormes piliers de huit mètres de côté partagent l'église en trois nefs : la *Capilla mayor* termine celle du milieu par un retable ornementé de statues de bronze, de tableaux que fait ressortir le fond d'or marié au marbre. De belles statues en bronze doré, de Charles-Quint et de Philippe II, entourés des reines et des infantes, à genoux et les mains jointes, à droite et à gauche de l'autel, semblent figées dans leur raideur sculpturale, adorer et prier.

La sacristie mérite d'être visitée pour ses meubles d'ébène, d'acajou, de cèdre, de noyer, remplis d'ornements sacrés et surmontés de riches vitrines contenant un trésor de reliquaires, croix, calices, candélabres : tout au fond de la salle, un tableau magnifique, la *Santa Forma*, relate un fait historique : la réception solennelle par Charles II, de l'Hostie consacrée enlevée aux hérétiques et soustraite ainsi au sacrilège par Rodolphe II d'Allemagne. La cérémonie, la procession, la sacristie elle-même sont reproduites avec une fidélité que la perspective rend saisissante.

Les stalles du chœur sont remarquées par leur grand nombre — cent vingt-quatre — par leurs bois précieux, leur sobre ornementation : c'est dans l'une d'elles, à l'extrémité, que se plaçait le roi Philippe II pendant les offices. Une visiteuse française se donne le plaisir de s'y asseoir en disant : « A quoi pouvait bien penser le roi pendant les longues heures qu'il passait là? »

— « A rien, sans doute », répond irrévérencieusement une autre compatriote.

— « Il méditait sur les peintures du plafond », reprend un troisième.

Et en effet, d'un bout à l'autre de l'église, les voûtes à plein cintre, divisées en caissons, sont décorées de très belles peintures.

Nous ne pouvons retenir une exclamation devant le lutrin énorme, colossal, qui occupe le milieu du chœur! Quels sont donc les livres dignes de figurer sur une aussi vaste machine?... Les voilà, rangés dans leurs casiers; ils ont un mètre de largeur et encore plus de hauteur; et, si je m'en souviens bien, au moins deux cents sont alignés sur notre passage; sûrement, les *ratatores*, — lisez pick-pockets — si nombreux en Espagne comme partout, n'iront pas s'attaquer à ces joujous.

Dans une chapelle adossée à la stalle du prieur, un religieux nous montre un très beau Christ en marbre blanc, œuvre de Benvenuto Cellini, frappant d'expression, mais un peu grêle.

De l'église, on pénètre dans les galeries du cloître; et par l'escalier monumental qui abrite les fresques de Luca Giordano, on arrive aux Bibliothèques; celle des imprimés offre une singularité typique : la plupart des livres qui la composent ont le titre écrit sur la tranche, et sont, de ce fait, rangés à l'inverse des autres, le

PHILIPPE IV, par VÉLASQUEZ. (P. 172).

dos contre le mur; parmi cette collection, on nous fait remarquer un ouvrage ancien, richement relié, contenant, écrits, en lettres d'or, les Evangiles, les Lettres de saint Jérôme et les canons d'Eusèbe de Césarée.

Que dire des merveilles manuscrites conservées dans la salle supérieure : missels aux fines enluminures; parchemins aux caractères gothiques; livres hébreux, grecs, arabes, ornés de dessins artistiques d'une grande valeur, qu'un voile dérobe aux rayons du soleil? Enchanté de l'intérêt que nous portons à ces ravissants travaux, le gardien complaisant nous ouvre les vitrines, feuillette les pages et, de plus en plus communicatif, il nous indique spontanément la provenance et la destination des ouvrages, mettant bien en relief la valeur matérielle et morale de chacun d'eux. En écoutant et en regardant, on restitue en imagination, les artistes inconnus pour la plupart qui s'appliquaient à ces chefs-d'œuvre : les vieilles têtes de moines, à l'air ascétique, penchés sur le vélin pour y tracer, de la plume et du pinceau, ces lettrines ornées, ces fioritures d'initiales, ces arabesques compliquées, ces paysages, ces flores, fidèles représentations du monde où ils vivaient : l'or, l'azur, le vermillon, l'émeraude, l'améthyste étendus d'une touche délicate, font de ces pages la fête des yeux, le régal du goût.

Les murs font écho aux richesses des vitrines et disparaissent sous les toiles des grands maîtres; je n'en citerai qu'une, parfaite de conception, de coloris et d'expression : Saint Ambroise assis, confère avec saint Augustin avant sa conversion; devant lui, en pleurs et à genoux, sainte Monique prie pour celui que le grand archevêque appelle — « le fils de tant de larmes ». — Ce sujet nous émeut, mais le cri de saint Ambroise que nous révèle l'inscription en banderole : *A logica Augustini, libera nos, Domine :* — — De la logique d'Augustin, délivrez-nous, Seigneur, — est si bien rendu par le geste du saint évêque que le rire vient vite sur les lèvres.

Entre des murs de granit, invariablement épais de quinze pieds, nous circulons d'une salle à l'autre sous une impression de froid qui s'évanouit sur le seuil de la Salle Capitulaire, où les maîtres de toutes les écoles se sont donné rendez-vous; ils s'y coudoient et se font admirer là presque à l'égal de la sacristie.

La Salle des Batailles dans les appartements royaux rappelle en petit la Galerie de Versailles : la prise de Grenade et de Saint-Quentin y sont représentées avec une ampleur digne d'un tel sujet.

De cette salle on descend dans l'*habitacion* — la chambre — de Philippe II; c'est sans conteste la partie la plus curieuse du palais, l'appartement est conservé intact et dans son intégrité : quatre pauvres petits sièges sans prétention, une modeste table, un secrétaire, un lit dans une alcôve, et... c'est tout. Là, dans cette cellule de moine, d'une indigente nudité, le puissant monarque vivait pauvrement; de là, il dirigeait les affaires d'Espagne et d'Europe. Souvent, pour surveiller les travaux, il se faisait porter à cinq kilomètres de la ville, sur le sommet d'un rocher, et dans un complet isolement, assis sur un banc taillé en pierre vive, en face d'une nature âpre et sauvage, il se reposait des labeurs du gouvernement. La « *Silla del Rey* » existe encore et les guides ne manquent point de montrer aux visiteurs le siège de Sa Majesté et l'endroit où se tenait le ministre venu faire son rapport, lire les pièces importantes, ou prendre des ordres.

Quand il s'agissait de recevoir quelque ambassadeur, c'était autre chose; le roi descendait de ce banc de pierre brute, et dans les salons du palais, meublés avec magnificence, il prenait place sur un trône plus digne de lui. La comparaison est piquante : d'un côté, l'opulence et le faste; de l'autre, la pauvreté et l'excessive simplicité, des murs blanchis à la chaux, un dallage de pierre, voilà toute la recherche de cette chambre royale.

Chaque série d'appartements a ses guides spéciaux, la livrée dont ils sont revêtus indique leur emploi. Nous voici devant un jeune homme, en costume militaire; son ceinturon blanc tranche vivement sur le rouge et le noir de l'uniforme. Il nous reçoit gravement : « Pour le Panthéon », dit-il en français, et il nous invite à le suivre. Nous descendons un escalier de granit et nous arrivons au Panthéon des rois situé sous la Capilla Mayor; une lumière blafarde éclaire cette pièce octogone revêtue entièrement de porphyres et de marbres précieux, relevés d'ornements en bronze doré. Quatre rangs de niches superposées contiennent chacune un cippe de forme antique en marbre noir; un cartouche indique le nom; à droite, les reines; à gauche, les rois.

— « Mais où est donc Philippe V, le petit-fils de Louis XIV, je ne vois pas son nom? »

— « Philippe V est dans la Chapelle de la Granja qu'il a fondée. »

Et le jeune gardien continue sa nomenclature de rois et de reines disparues; arrivé à Isabelle, femme de Charles-Quint : « Je la croyais à Grenade? » dis-je.

— « Elle y a été déposée jusqu'en 1584, ses restes reposent maintenant ici. »

— « Il y a des places vides, je vois. »

— « Deux du côté des rois; trois du côté des reines; une est réservée au roi régnant Don Alphonse, l'autre n'a pas de destination; » puis se tournant à droite : « la première attend la reine-mère, Marie-Christine; la seconde, la reine Victoria; la troisième est sans destination! »

— « Est-ce que votre jeune roi fait quelquefois visite à sa dernière demeure?... C'est un peu triste pour son âge. »

— « Leurs Majestés connaissent leur place ici et visitent ce lieu de temps à autre. »

Nous remontons l'escalier; à moitié des degrés, une porte fermée. « Ici, reprend le guide gravement, c'est le *pourrissoir* — *pudridero;* — les souverains y sont déposés jusqu'au jour de la sépulture définitive. »

— « Pouvons-nous y entrer? »

— « Le Supérieur du monastère seul en a la clef, jamais il n'ouvre que sur autorisation royale ».

La lourde porte qui donne accès à ce sombre escalier s'ouvre et se referme, pendant que nous allons saluer chez eux les princes et les infants. Contrairement au Panthéon des rois, les chambres funéraires sont claires et spacieuses, les sépultures riches sans surcharges dans la pureté des marbres blancs.

Don Juan d'Autriche, couché sur son mausolée, semble poursuivre sa méditation sur la devise gravée autour d'un médaillon : *Christus vincit, Christus regnat, Christus imperat!*

Dans la salle voisine, la sépulture des Ducs de Montpensier; à gauche du mausolée Amélie d'Orléans dort depuis 1870; à droite Christine d'Orléans, morte en 1879, à la fleur de l'âge, *in œtatis flore crepta*, dit l'inscription. Au milieu du caveau très éclairé, une élégante rotonde, sur un soubassement à douze ou quatorze pans, reliés au sommet par des statues d'anges qui portent l'écusson, renferme les restes des princes de la maison royale. On s'arrête avec sympathie en face des jeunesses moissonnées prématurément, et avec l'attention que sollicite la distinction, la grâce parfaite de ce blanc monument.

Ce palais, qui est aussi un monastère, garde partout un air de nécropole, malgré les embellissements, les ornementations qu'y ont voulu apporter les successeurs de Philippe II. Les seize patios qui divisent cet édifice ont eux-mêmes cette mélancolique tristesse qui sied à toute sépulture; aucune fleur, aucune plante rare n'y est cultivée; seuls les buis, les cyprès et autres arbres toujours verts, symboles d'immortalité, rappellent sa destination.

Vu de près, cet immense gril de granit n'a rien de remarquable; de loin, il forme un tout harmonieux, rendu même gracieux par les élégantes aiguilles des quatre tours élevées aux angles; le voisinage des montagnes atténue ses proportions, et ses couleurs se marient heureusement au paysage qui l'entoure.

Nous quittons l'Escorial par la « Cour des Rois » ou Cour d'honneur, vaste, froide, entourée de grands murs; au sommet de la façade, six personnages empruntés à l'Ancien Testament, les rois David, Salomon, Ezéchias, Josias, Manassès, Josaphat, contemplent les visiteurs défilant dans la demeure royale.

Sur le même plan, à côté du palais, le collège Alphonse XII reçoit une armée d'enfants; — cent cinquante internes, autant d'externes — ils s'ébattent en ce moment sur les vastes cours, sous les yeux et en compagnie de leurs professeurs qui s'associent à leurs jeux; leurs mouvements, leur gaieté, leurs cris, font oublier la grande ombre de Philippe II qu'on redoute de voir sortir de son sépulcre. Nous saluons avec une joyeuse sympathie leurs maîtres les Assomptionnistes, amis particuliers de tous ceux qui, sous leur direction, ont pèleriné en Orient.

La ville près de laquelle s'abrite le palais n'a de remarquable que les hôtels qui hébergent les visiteurs.

A l'heure du déjeuner, en attendant l'ouverture du Panthéon, nous avions été tentés par l'honnête boniment d'une carte de Nuevo-Hôtel — propriétaire : Candido Suarez, — qui nous avertissait que « Ce l'Hôtel le plus prochain au Monastère — *service d'automo-* » *viles.* — Le même propriétaire que ce le plus ancien du village, » c'est le corresponcel de l'agence du Cook Londres, du coupon de » la série R. et du l'agence Chiari-Sommariva du Milan, et du » Bruxelles, du l'agence des Voyages Particulier, du Eugène Ge- » nets. »

Alléchés par ce français cuisiné à l'espagnol, nous y allâmes et nous eûmes la surprise et jouissance d'une excellente cuisine française et catholique en maigre du vendredi.

Par une avenue au milieu des bois, nous descendons vers la « *Casita del Principe* », délicieux pavillon, rempli de chefs-d'œuvre : ivoires, mosaïques, sculptures ou peintures, travaux en pâte de riz d'une délicatesse inimaginable; quels doigts ont été assez légers pour faire un pareil travail?... C'est sur cette exclamation admirative que nous quittons la demeure princière pour reprendre à la « Estacion » le train du retour vers cinq heures.

En nous éloignant de ces régions ombreuses, de ces vallons compliqués, des avant-monts de la Sierra de Guadarrama pour regagner Madrid qui leur doit l'eau pure de ses aqueducs, de ses fontaines et la glace de ses tables, je songeais qu'un des petits bassins latéraux posséda pendant plus de mille ans le privilège d'avoir le titre de royaume; la population était fière de pouvoir se dire indépendante des Castilles.

C'était à l'époque de l'invasion des Maures : les habitants de Jarama se réfugièrent dans un cirque de montagnes faciles à défendre et s'y maintinrent en se faisant oublier; ils se donnaient à eux-mêmes le nom de « Patones ». Le chef qu'ils s'étaient choisi et dont la dignité était héréditaire de mâle en mâle, reconnaissait la suzeraineté des rois de Castille après l'expulsion des Maures, mais il gardait son titre qu'on respecta toujours, peut-être à cause de la plaisante figure que faisait un si pauvre roitelet dans le voisinage du trône. Le dernier de ces rois vivait encore au milieu du dix-huitième siècle; porteur de bois de son métier, il se lassa d'un rang si peu lucratif et remit son bâton de commandement entre les mains d'un officier royal : ce fut fini du royaume des Patones.

L'arrivée à Madrid, à nuit tombante, dans le mouvement d'une grande ville, dans la lumière partout prodiguée, donne amplement la sensation que c'en était fini aussi pour nous du royaume du sabotier.

Les diverses places traversées ne manquent pas de charme, mais nous donnons la préférence à la *Plaza* demi-circulaire del *Oriente*, entourée d'arbres entre lesquels s'élèvent comme des colosses, quatorze statues de pierre; au milieu, la statue équestre de Philippe IV assez semblable au monument de Louis XIV sur la place des Victoires à Paris; un bas-relief représente Vélasquez, le favori des rois, recevant de son souverain la croix de Santiago.

Les dernières heures sont consacrées à nous imprégner plus complètement de l'atmosphère des soirées madrilènes, des béatitudes de la foule grouillante, ambulante et causante, jusqu'à l'heure où il est convenable de donner audience au repos, au sommeil et aux rêves.

XVII.

VERS SARAGOSSE

22 avril. — Vers Saragosse. — Plaines et sierras. — Ravins et tunnels. — Minerai qui attend la pioche. — Un groupe d'officiers étudiant la roche à Calatayud. — Continuels contrastes du sol, des cultures et incultures. — On arrive le soir à Saragosse.

Samedi, 22 Avril.

Les voyages ne sont plus des promenades de lenteur en diligences, ce sont des courses à toute vapeur; on arrive, foin du repos! il faut tout voir, circuler sans cesse et sans trêve, puis repartir. Encerclés dans un étroit espace de trente jours, on prétend que rien n'échappe à l'œil pourtant; les désirs se succèdent, se multiplient à mesure qu'ils sont satisfaits; à peine assis, on se dit : il y a encore ceci, puis cela, et cela encore, que nous n'avons pas vu... allons, du courage! ayons bon pied, bon œil et... en route!

Avec ce système, on se fatigue si bien, on se rassasie à tel point que dès qu'une voix s'écrie : « Je n'en veux plus », les autres répondent comme un écho : « Moi non plus! » Et l'on n'est pas loin, après les excès de marches et de contre-marches, de rêver de la douceur des banquettes du chemin de fer, le béni, le maudit, l'agréable, l'exécrable chemin de fer, selon la longueur du ruban qu'il faut suivre et selon les heures qu'on y passe.

En manière d'hommage au sol d'Espagne, par curiosité géologique et culturale, je tenais beaucoup à voyager de jour, afin de bien emplir la mémoire et les yeux de toutes les visions que fait naître le déplacement.

Ceci explique le choix d'une heure matinale, — sept heures, — pour le trajet de Madrid à Saragosse, avec la perspective de passer la journée entière en wagon. La voiture, tranquillement portée par des mules, nous permet d'envoyer un dernier et rapide bonjour au Prado, au Museo, au Jardin Botanique, au Palacio del Congreso, et par la délicieuse promenade de « Las Delicias » nous sommes de nouveau en gare d'Atocha, et bientôt, en route pour Zaragoza, comme on dit ici.

Des plaines bien cultivées, des champs d'oliviers, sur lesquels les premiers rayons du soleil viennent boire la rosée de la nuit; au loin, à gauche, des montagnes signalent et dominent le cours du Tage; une colline isolée au milieu de la vaste plaine porte une chapelle : *le Punto*, centre géographique de l'Espagne, assure-t-on.

La Sierra de Guadarrama n'a pas encore perdu son blanc manteau de neige, toujours sur notre gauche, ses crêtes apparaissent au loin; mais la fonte commencée depuis longtemps, alimente quantité de torrents qui coupent la voie pour rejoindre le Hénarès, devenu désormais pendant des heures et des lieues, notre compagnon de route, si tant est que l'on puisse s'exprimer ainsi quand on suit, sur la même voie, une direction contraire; nous remontons pendant qu'il descend, nous nous éloignons de son confluent, il y court à toute vitesse. Des plantations bien végétantes en signalent partout le cours; puis, ce sont des jardins superbes qu'il arrose après avoir traversé la Rambla del Torote sur un pont de fer.

Une ville se révèle à nos yeux, blanche et charmante dans le bain des rayons matinals : c'est Alcala! Alcala de Henarès, berceau de Cervantès et tombeau du grand cardinal Ximénès de Cisneros; les quinze minutes d'arrêt ne nous permettent pas de visiter la maison du célèbre écrivain, pas plus que le monument élevé à la mémoire de l'illustre Cisneros, monument que l'on dit être un des plus beaux d'Espagne.

Bien vivante et célèbre autrefois, la ville réduite à quinze mille habitants est maintenant presque déserte et abandonnée, laissant la plupart de ses monuments inutilisés. Quelle distance entre l'Espagne d'autrefois et l'Espagne d'aujourd'hui! voilà ce qu'attestent irrécusablement ces grands foyers d'affaires, d'études, de vie, aujourd'hui rétrécis, presque éteints.

Guadalajara, que nous atteignons, présente les mêmes caractères, mais avec le mouvement plus accentué que lui vaut une école centrale du génie militaire, admirablement disposée et dont les salles, très vastes, peuvent contenir cent cinquante élèves.

La plaine est couverte de blés d'un vert tendre encore; des troupeaux de moutons y font çà et là une tache blanche; des vignes apparaissent plus loin taillées par le sécateur du vigneron. Nous ne sommes plus au pays andalou, c'est visible, et la végétation retarde d'un mois sur celle du midi. En revanche, elle court les collines bien au delà de la portée du regard; mais, en Espagne, nous ne saurions être longtemps sans rencontrer ravins et rochers; en voici un entassement d'un sauvage achevé, qui motive d'énormes tranchées et d'ennuyeux tunnels en sol extrêmement aride.

Quelques plantations encore, des cultures, des peupliers, de jolis jardins, puis nous sommes sous terre au point culminant — onze cent vingt mètres — dans le grand tunnel de Horna de un kilomètre de longueur. Désormais, nous abandonnons le versant du Tage qui va vers le Portugal et l'Océan, pour entrer dans le versant de l'Ebre penché vers la Méditerranée; nous côtoierons ou nous traverserons le *Jalon* qui nous sera constamment fidèle jusqu'à la

PALAIS DES DUCS DEL INFANTADO A GUADALAJARA (P. 174).

rencontre du fleuve. Souvent, nous suivons ou nous perçons la montagne; un soleil ardent revêt de lumière les cimes les plus proches et les plus lointaines; des sommets, les eaux semblables à des rubans de moire, descendent en cascatelles étincelantes, et se précipitent écumantes dans le fleuve qui les absorbe et les entraîne vers la grande mer. Quand la roche, mordue par le torrent, se présente dans son âpre nudité, des reflets argentés, verdâtres, cuivrés, mordorés, révèlent sa richesse métallique; le coup d'œil n'est pas seulement plein d'imprévu, il est imposant et d'une beauté superbe. Des Allemands sont venus planter là une usine et exploiter ces richesses que dédaigne la fière pauvreté castillane : le peuple là-bas n'a pas encore compris qu'en ces sols tourmentés, si une culture mieux entendue, plus rémunératrice est possible, c'est pourtant dans l'exploitation méthodique de ces rochers que sera la richesse, l'avenir du pays. J'en atteste le vieux château abandonné là-haut sur la colline; inutile vestige d'un passé historique, gardien muet d'un véritable désert.

Les tunnels se succèdent, et les tranchées, et les remblais, et les torrents murmurants; tout à coup, nous tombons en pays rouge; les terres, les rochers, les murs des villages : Arcos de Medinacœli, Huerta aux sites désolés, Ariza avec ses maisons creusées dans le sol, ses édifices; tout est rouge, même la rivière.

Calatayud change le cours des idées et nous enlève d'intéressants compagnons de route : De Madrid partaient en même temps que nous, par le même train, un groupe d'officiers de toute arme et de tout grade, sous la direction d'un général. A chaque arrêt, cette brillante jeunesse mettait pied à terre, faisait les cent pas et remontait en voiture; maintes fois, nous nous étions demandé : Où vont-ils?... Ils nous donnent en ce moment la réponse : Pendant qu'on détache le wagon dans lequel ils avaient pris place, tous se rangent papier, crayon et carte en main, de chaque côté d'un officier supérieur, professeur sans doute — en face de la plus belle muraille de rochers que l'on puisse voir. Ils regardent le géant de pierre, écoutent les explications, puis crayonnent chacun à sa façon. Visiblement, ils dessinent l'obstacle, puis quoi?... Etude géologique?... Etude stratégique?... Que faire pour défendre le passage?... Que faire pour s'en rendre maître?... Mes conjectures vont leur train, le chemin de fer aussi; il s'engage brusquement dans la fente qui nous réserve une nouvelle série de tunnels entre lesquels s'étage une culture soignée, parsemée d'oliviers et d'arbres à fruits. Une gorge profonde laisse un petit espace pour une route muletière et c'est curieux de voir des ânes minuscules se désaltérer au torrent en bas du gigantesque rocher; des brebis avec leurs agneaux escaladent les pentes, cependant que des enfants se baignent ou s'amusent de l'écume abandonnée sur la rive par l'eau rapide du fleuve. Quantité de pêchers et quantité de ravins, de ponts, de travaux d'art; des jardins en terrasses, des rochers en aiguilles, couverts d'une mousse à teintes dorées, que le regard caresse avec délices et nous voilà à Paracuellos, petit village de cent habitants.

Les contrastes se succèdent sans interruption : tranchées profondes, voies souterraines, puis le Jalon serpentant autour de nous dans sa vallée riante et riche : compensation due, mais inattendue à tant d'espaces déserts. Les Romains connaissaient et appréciaient l'agrément de ce petit pays; leurs vestiges remarqués dans le superbe aqueduc de Guadalajara se voient encore près de Calatorao. A quelques kilomètres à gauche de la voie, des cheminées semblent sortir de terre; ce sont, paraît-il, les maisons des habitants du village de Salillas, construites comme les troglodytes sous un banc de craie.

Le soleil baisse, les ombres s'allongent, s'épaississent et ne permettent plus de distinguer les détails; une vieille forteresse mauresque là-bas sur un mamelon, enveloppée de crépuscule, semble une sentinelle géante drapée dans son ample manteau gris. Et puis, rien n'est visible, si ce n'est des lignes de lumière tout là-bas... nous nous en approchons... nous y arrêtons : il est huit heures trente, c'est :

XVIII.

SARAGOSSE.

23 avril. — Dimanche. — Communion pascale des malades. — S. Jacques et la Vierge *del Pilar*. — Un choriste comme on les voudrait tous. — Le siège de 1809. Atrocités et vandalisme. — Feux de manuscrits. — Tentes de tableaux. — Épisodes et vestiges. — Course de taureaux. — Santa Engracia. — Monument des défenseurs de Saragosse.

Dimanche, 23 Avril.

Hier, à notre arrivée, un colon algérien, installé depuis trois ans à Saragosse et parlant parfaitement français, nous voyant assaillis par la multitude des mozzos, désireux de gagner quelques piécettes, nous tira prestement d'embarras en écartant d'abord ces importuns, puis en téléphonant à l'*Hôtel de Europa*, où nous avions résolu de descendre afin de s'enquérir de la place disponible. Sur la promesse de deux chambres, nous nous installons dans l'omnibus à côté d'un Père Jésuite, et nous voilà roulant à travers la vieille ville par la belle Avenue de la Independencia jusqu'à la Place de la Constitution, sur la droite de laquelle se trouve le confortable Hôtel de l'Europe, notre domicile choisi pour deux jours.

Quatorze heures de chemin de fer avaient suffi pour rassasier notre curiosité, mais aussi pour aiguiser notre appétit; nous trouvâmes délicieux le repas tardif du soir et réconfortant le repos qui suivit.

Ouvrant ma fenêtre pour m'orienter et humer l'air matinal, je fus très étonné et agréablement surpris de voir tout en fête : En face, le palais de la Députation avait arboré le drapeau national; de riches tentures et de nombreux tapis ornent les fenêtres, non seulement du palais, mais de la plupart des maisons voisines; un instant après, un long cortège d'hommes, de femmes et d'enfants s'avance lentement, puis s'arrête... tous ensemble s'agenouillent et se prosternent. Au signal donné, le défilé reprend sa marche grave et recueillie, pendant que la musique militaire fait entendre un *andante* religieux; un prêtre en habit de chœur dirige les mouvements; un autre en vêtements sacerdotaux, assisté de deux acolytes, s'avance sous un dais richement brodé. Devant nos yeux, un nouvel arrêt se produit, le prêtre quitte le dais et s'avance sous le porche

LA TOUR PENCHÉE DE SARAGOSSE.

d'une des maisons de la place; un quart d'heure après, il reparaît, et les rangs s'ébranlent de nouveau.

Que pouvait bien signifier cette procession? Nous ne sommes pas à la Fête-Dieu?... mais cette foule... ces cierges... cette musique...

ces prêtres... ce dais... et enfin ce pavoisement?... Un ecclésiastique rencontré dans la matinée nous expliqua que le Dimanche de Quasimodo est, en Espagne, la Pâque des malades; qu'à Saragosse en particulier le Saint-Sacrement est porté solennellement aux infirmes avec la pompe indiquée ci-dessus; que les maisons décorées désignaient les demeures où le bon Dieu devait entrer, c'est dans l'une d'elles que nous avions vu le prêtre s'arrêter, un instant auparavant, pratique qui n'est pas spéciale à une paroisse, mais à toutes les paroisses de la ville.

Cette édifiante cérémonie nous dispose favorablement : ravis par ce début, nous allons, le cœur allègre, à l'église la plus prochaine remplir aussi nos devoirs religieux.

Nous étions impatients de voir, de visiter le sanctuaire célèbre entre tous, la basilique consacrée à la Sainte Vierge sous le vocable de Notre-Dame du Pilier. — *Nuestra Señora del Pilar.* — Sur notre route, à droite de la *Puerta del Angel*, un grand bâtiment quelque peu semblable à une église : entrons, c'est la *Lonja* — bourse des négociants; — vaste salle rectangulaire divisée en trois nefs par vingt-quatre colonnes doriques, dont les chapiteaux portent des écussons aux armes de Saragosse : le lion rampant soutenu par des anges et des griffons; des rosaces dorées réunissent les nervures de la voûte. Un encombrement de matériel de fête, en partie fort étrange, nuit à l'effet d'ensemble et nous empêche de donner une admiration sans réserve.

A l'extrémité de la rue, l'Ebre et son beau pont de pierre : un instant, nous contemplons ce site pittoresque, où nos soldats campèrent pendant les fameux sièges de 1808-1809, ces eaux dans lesquelles des milliers d'hommes ont trouvé la mort. Que de choses nous raconteraient les vieux arbres plantés sur ses rives!... nous ne les interrogeons point; regardons plutôt les joyeux ébats d'une jeunesse riante s'amusant dans les barques amarrées au rivage.

En Espagne, il ne faut point chercher des fleuves larges, profonds, toujours pleins comme le Rhin, l'Elbe, la Meuse, l'Escaut et autres, coulant aux pays du Nord; voilà de beaux ruisseaux qui connaissent leur métier; en été comme en hiver, ils ne ménagent point l'eau aux pays qu'ils visitent. La rivière que nous avons sous les yeux ne mérite point de reproche cependant; ce n'est plus l'indigent Manzanarès qu'on est tenté d'arroser; pas même le lent et paresseux Tage de Tolède; c'est un joli cours d'eau qui se ressent de la montagne et du glacier, dévale rapidement dans un lit assez profond, parfois sur des débris de roches, après avoir donné une partie de son avoir aux canaux d'amont et aux campagnes autrefois stériles dont il fait la richesse.

Inclinons à gauche, et tout de suite nous sommes en présence d'un majestueux édifice : Le pape saint Grégoire rapporte qu'en ce lieu, Marie, encore vivante à Jérusalem, apparut, entourée de milliers d'anges, à l'apôtre saint Jacques, un des favoris du Sau-

SAINT JEAN DE COMPOSTELLE. — PORTAIL DE LAS PLATENAS. (P. 182)

veur, envoyé en Espagne pour y porter le flambeau de l'Evangile. La Vierge, debout sur un pilier, demande au disciple de lui bâtir à l'endroit même un temple, l'assurant qu'elle prodiguerait ses bénédictions à tous ceux qui y viendraient implorer son secours; l'Apôtre obéit, et consacra à la Mère de Dieu, sous le vocable de « Nuestra Señora del Pilar » la première chapelle dédiée à la Reine du Ciel dans tout l'univers.

Les Espagnols ont une profonde vénération pour le glorieux fils de Zébédée, ils lui ont élevé, à Compostelle, un tombeau où l'on vient de toutes les parties du monde, sans prêter l'oreille aux discussions sans fin qui se poursuivent entre les historiens, sur la venue de saint Jacques, sur l'apparition de saint Paul dans la Péninsule, et en général, sur la première prédication évangélique dans notre Occident. Sur ces faits, la légende s'est épanouie en jolies floraisons, de sorte qu'il est parfois difficile de définir où s'arrête l'histoire, où commence la vérité. Pour le touriste, le passant, l'attitude la plus intelligente est de s'identifier le plus possible avec ceux qu'il visite; il y gagne le parfum délicat qui s'exhale des récits primitifs.

Pour remplacer la Chapelle devenue trop petite, on posa vers la fin du dix-septième siècle — 1681 — la première pierre de l'immense basilique que nous avons sous les yeux; trois dômes y dominent une douzaine de coupoles et déterminent un mouvement architectural satisfaisant, quoique bien inférieur en beauté aux flèches gothiques; ses grandes dimensions ne cessent de provoquer l'étonnement; mais entrons afin de mieux voir et plus pertinemment juger.

Ce qui frappe de prime abord, c'est la froide nudité de l'ensemble, relevée seulement de quelques toiles de Velasquez; il faut aller jusqu'au retable du maître-autel et à la Silleria du Chœur pour trouver de véritables œuvres d'art. Derrière le *Coro*, un Sanctuaire où les Messes se succèdent sans interruption; à droite, une colonne, le pilier — *el pilar* — sur lequel repose la petite statue de bois, noircie par le temps, que la Vierge Mère remit elle-même entre les mains de son serviteur dans une seconde vision. La tête de Marie et celle de l'Enfant-Dieu émergent à peine du riche manteau constellé de pierreries avec cette inscription : « *Dios te salve, Maria!* », — Dieu te salue, Maria! — c'est ainsi qu'en Espagne, on commence l'*Ave Maria;* — la couronne impériale ceint les deux fronts et se trouve juste au milieu de cercles concentriques d'où partent des rayons d'or et de diamants formant une auréole étincelante, le tout parfaitement détaché sur un fond de velours sombre semé d'étoiles.

Ce rideau absorbe la lumière, et de loin il est difficile de bien distinguer les objets; peu à peu nous nous frayons un passage et nous voici près de la balustrade d'argent qui empêche l'accès de l'autel. Pour satisfaire la piété des fidèles désireux de faire toucher à la statue vénérée : objets de piété, souvenirs de famille ou linge de malades, un enfant de chœur est affecté au service de la Madone. Je ne me suis point lassé d'admirer avec quel air de dignité grave, de recueillement angélique, il montait à genoux les sept ou huit degrés de l'autel, puis se traînait dans la même attitude jusqu'au pilier de marbre pour y présenter le livre, le chapelet ou la médaille, puis redescendait posément à reculons, et à genoux toujours.

Près de moi, de jeunes mères, avides des bénédictions de « la *Nuestra Señora* », remettaient leur tout petit enfant — deux ou trois mois — à ce gracieux adolescent en surplis et en soutane

N.-D. DEL PILAR. (P. 182.)

rouge. Il tendait les deux bras, recevait le doux fardeau et reprenait l'ascension de la colline; je tremblais qu'il ne s'embarrassât dans sa longue robe en montant à genoux, et au retour, je tremblais encore, en le voyant, à reculons, se diriger vers l'escalier!... Eh bien! non, pas une seule fois il ne trébucha, ne montra de hâte et d'impatience; pas une fois, il ne manqua de présenter ces petits êtres au contact de l'image miraculeuse, priant pour eux avec une piété si profonde, si franche, si attentive que tout le monde en était ému.

Avec quel bonheur les mamans reprenaient leur enfant, désormais béni; avec quel bonheur, moi aussi je m'unissais à leur prière, à leur confiance en la Sainte Vierge, à leur dévotion, à leurs espérances!

Les minutes passées là comptent dans la vie; elles laissent une trace ineffable et sont fécondes pour le reste des jours. Que Dieu bénisse abondamment et préserve de tout mal le jeune garçon qui nous a tant édifiés! En vérité, je l'avais vu ailleurs, je le revis là, rien n'est plus beau qu'un adolescent chrétien qui laisse transparaître son âme et met tout son cœur dans un acte pieux!

Ainsi, grâce à Notre-Dame del Pilar, nos premières heures à Saragosse furent de douces joies, des joies inoubliables.

Comment rentrer en France sans apporter à nos amis quelque souvenir du Sanctuaire vénéré?... du « *Lourdes* » de l'Aragon?... Notre préoccupation en quittant le saint lieu est de jeter un coup d'œil sur la place pour le choix d'un magasin; pas un n'est ouvert; les enseignes existent, mais portes et devantures sont soigneusement closes; nous avançons, du regard nous explorons les rues voisines... rien!...

Un prêtre passait devisant avec un laïque de ses amis, je lui confie mon embarras.

— « Vous ne trouverez rien aujourd'hui, me dit-il, c'est Dimanche; en Espagne tout le monde sanctifie ce saint Jour, mais demain vous aurez tout ce que vous voudrez. »

— « Impossible, demain je pars!... Est-ce que à la sacristie de la Basilique, il n'y a pas un dépôt? »

— « Oh! non! » répondit-il avec un sourire étonné. Au même instant, la porte d'une des maisons qui fait face à la place s'ouvrait, un homme paraissait sur le seuil : « Tenez, nous dit rapidement le bon prêtre, voilà le « *platero* » — orfèvre — allez vite, en lui expliquant que vous êtes de passage, peut-être consentira-t-il à vous servir. »

Nous suivons le conseil, et grâce à lui, nous pouvons faire quelques achats.

J'aime l'exactitude, la rigueur avec laquelle on observe dans la Péninsule le repos du Dimanche. Quand on sait à quel point il est un élément — et un élément prépondérant — de civilisation et d'élévation morale, on se prend à souhaiter le même bénéfice pour tous les pays, particulièrement pour notre bien-aimé pays de France.

Un autre plaisir, c'est de lire sur les murs et sur les édifices publics, la décision suivante de la junte municipale :

En esta ciudad
No se tolera la mendicidad
Ni la blasfemia.

« Dans cette ville, on ne tolère ni la mendicité, ni le blasphème ».

Bravo à la capitale de l'Aragon qui prouve si hautement son attachement à sa foi et aux lois divines.

Cette cité antique, que les Phéniciens appelaient *Salduba*, les Romains *Cæsarea Augusta* — d'où par abréviation — Zaragoza — a subi tour à tour la domination des Suèves, des Goths, des Sarrasins; elle fut capitale d'un Etat maure, puis, en onze cent dix-huit, capitale du roi d'Aragon Alphonse. Fière de son passé, plus fière encore de son renom de « Cité héroïque » depuis les sièges mémorables soutenus contre les Français en 1808-1809, dans lesquels elle a défendu, et à quel prix?... ses foyers et sa Vierge, sa Vierge del Pilar qui ne « voulait pas », — disaient-ils dans leur chanson, — être française, mais la Capitane de la troupe aragonaise. »

La Virgen del Pilar dice
Que no quiere ser francesa
Quiere ser la Capitana
De la tropa aragonesa.

Située dans la belle vallée de l'Ebre, au confluent de deux petites rivières : la Huerba et le Gallégo, qui rendent le pays extrêmement fertile, Zaragoza forme un demi-cercle dont le fleuve trace le diamètre. Un seul pont fait communiquer la ville proprement dite au faubourg de l'Arrabal, de l'autre côté, sur la rive gauche.

Près du pont et de la *Puerta del Angel* est l'archevêché avec sa façade moderne, surmontée d'un écu aux armes du roi d'Aragon. Un peu plus loin dans une des rues adjacentes, la Cathédrale, — la *Seo* — comme on l'appelle là-bas; elle ne nous retient pas longtemps, assez toutefois pour remarquer la juxtaposition des styles, gothique et grec; la profusion des fleurons, volutes, arabesques qui encadrent des scènes gracieuses, de charmantes figurines, nous remet en face de l'art plateresque dans le chœur, la *capilla mayor*, les autres chapelles, les piliers même avec leurs arcs ornés à l'excès. Ce goût bien espagnol de ne laisser aucune surface sans fioriture, ne pénètre guère ou point dans notre esprit, en dépit de la valeur de tant de travail; c'est pourquoi nous admirons certes — le talent éclate partout, — mais nous passons.

Retrouver maintenant la Saragosse belliqueuse n'est pas difficile; à mesure que, dociles à l'invitation d'un chaud soleil, nous poursuivons notre promenade dans les vieux quartiers historiques, les épisodes les plus terribles surgissent comme autant de fantômes obsédants. La *Casa municipal* nous fait souvenir de la *junte* du siège, si redoutable, si inexorable, qu'elle avait élevé sur le Cosso des fourches patibulaires et condamnait à ce supplice les moindres fautes.

La rencontre d'un religieux me rappelle ce « moine des Carmes, San-Yago Saas », aussi vaillant capitaine que fougueux prédicateur. On le voyait sabre au poing, les bras nus, la manche retroussée aux épaules, la robe relevée, souillé de sang de la tête aux pieds, parcourir les rangs en criant : « Imite mon exemple, il ne restera pas un Français!... »

Un autre apparaissait au milieu des combattants découragés, tenant en main le ciboire qui contenait les saintes Hosties, il l'élevait en les bénissant, soutenait leur énergie par la vue de Celui qui fait les forts, et apportait aux mourants les secours spirituels si appréciés à cette heure suprême! Une balle l'atteignit dans son sublime ministère; on le retrouva gisant dans les décombres; la mort l'avait pris, mais non surpris!...

Ce ne fut pas une guerre ordinaire que ce siège qui dura du mois de mai 1808 au mois de mars 1809; ce ne fut pas même la lutte de rues plus meurtrière qu'en rase campagne, ce fut la guerre souterraine, la guerre de mines; le siège des édifices et des maisons l'une après l'autre; des corps à corps dans la nuit, des trous de sape dans lesquels on déposait des milliers de kilos de poudre pour faire sauter des pâtés de maisons, des couvents, des églises!...

« Les couvents, dit le Général baron Lejeune dans son récit du siège, sont fort nombreux et solidement construits, surmontés de tours et de clochers élevés qui dominent toute la campagne... Leurs cloîtres ainsi que les églises et quelques bâtiments publics dont on a fait des citadelles garnies d'artillerie sont les seuls points un peu forts de Saragosse... » C'est ce qui explique la violence des attaques dirigées perpétuellement contre les monastères où les assiégés venaient se réfugier, espérant être à l'abri des balles ennemies.

Si l'on veut avoir une image de quelques-unes des scènes journalières de ce long et terrible siège, il faut lire le récit complet du Général Lejeune, témoin et dirigeant comme officier du génie, sous les ordres du Général Lacoste, les opérations difficiles de ces chemins de mine; je lui emprunte certains passages (1).

« L'ennemi, dit-il, se voyant poursuivi et ne pouvant résister, mettait le feu aux maisons qu'il était dans l'impossibilité de défendre; » le couvent des Filles de Jérusalem fut en un instant environné » de flammes; Prost pénètre alors dans l'intérieur avec ses sapeurs, » il poursuit l'ennemi dans toutes les parties de l'édifice, dont il

1. *Mémoires du Général Lejeune.* Tome I. Firmin Didot, Paris.

» reste le maître. Pendant ce sanglant combat, les flammes dévo-
» raient blessés et cadavres et réduisaient en cendres la moitié du
» bâtiment.

» Je ne saurais oublier l'effet que produisit sur moi l'intérieur
» du couvent que j'apercevais à travers des nuages épais de pous-
» sière et de fumée. Les cellules des religieuses, ces asiles de la
» paix et de la prière, étaient devenues le théâtre de la guerre. Les
» assaillants, dans ce moment de désolation, y foulaient aux pieds
» tous les symboles de la piété, les bénitiers, les chapelets, les
» nattes en jonc, seules couches, seul mobilier de ces filles austères.

» Sur le pavé de leurs oratoires, je rencontrais partout sous mes
» pas des instruments de flagellation, des martinets en fer à pointes
» acérées qui témoignaient autant de leurs mœurs sévères que les
» travaux d'aiguille qu'elles avaient entrepris pour vêtir les pau-
» vres et qui gisaient épars aussi sur le sol, témoignaient de leur
» ardente charité. Quelques-unes, à notre approche, arrachaient aux
» autels les objets de leur culte pour les sauver de la profanation;
» ces saintes filles, n'obéissant dans ce moment terrible qu'au senti-
» ment dévoué de leur piété, n'emportaient dans leurs bras que
» les crucifix et les images du Sauveur enfant... Sur ces crèches
» de fleurs, de mousse et de verdure réunies dans leurs petites
» chapelles, sur ces berceaux du Sauveur renversés confusément,
» on voyait tomber des soldats blessés et le sang des mourants
» ruisseler sur les bouquets d'immortelles, les couronnes de roses
» et les rubans d'azur. »

Et ni jour, ni nuit, le canon ne se taisait, trouant les murailles, défonçant les planchers des maisons et les voûtes des églises, allumant des incendies, provoquant des écroulements épouvantables. Rien n'égalait le sang-froid et la bravoure de nos soldats, sinon la bravoure et l'enthousiasme des Espagnols. Des femmes et des enfants n'hésitaient pas à aller de maison en maison rassembler des clous et du vieux fer pour la mitraille; tous se risquaient au plus fort de la mêlée : témoin ce garçon de onze ans, s'emparant du drapeau d'un enseigne qui venait d'être blessé, et le portant en triomphe dans les rues aux cris de : *Viva Maria del Pilar!* Et cette jeune comtesse Burida, allant au milieu des bombes, des obus, de la mousqueterie, porter secours et vivres, donnant à ses compagnes, l'exemple du courage et de la générosité, jurant de périr plutôt que de se rendre.

Il étaient cent mille enfermés dans une enceinte que les progrès du siège et des mines rendaient de plus en plus étroite. Mineurs français et mineurs espagnols se rencontraient quelquefois dans leurs travaux souterrains, alors « ils se précipitaient les uns sur les au-

» tres avec leurs outils, leurs couteaux et leurs sabres. Ce fut » véritablement la guerre au « *cuchillo* » — couteau — que Palafox avait promise. Les coups qu'ils se portaient brisaient autour » d'eux quantité de ces énormes cruches en grès, dont les Espa- » gnols se servent pour conserver la récolte de leurs vignes et de » leurs oliviers. Ceux que frappaient la pioche et le hoyau tom- » baient et expiraient dans ces caves, noyés dans des flots de vin, » d'huile et de sang!... » (1).

Et comme si ce n'était pas assez des milliers de victimes de la guerre, les maladies produites par l'entassement de tant d'hommes, de femmes et d'enfants, par la privation de plus en plus dure d'aliments, de mouvements et de liberté, par la malpropreté des vêtements, des maisons, des rues longtemps encombrées de morts, se mirent à décimer la population, sans que l'énergie des combattants fût ralentie un seul instant.

Des moines d'un patriotisme exalté jusqu'au fanatisme dirigeaient les délibérations de la junte où toujours les plus violents l'emportaient. Son tribunal punissait de mort le moindre relâchement; l'accusé était instantanément jugé, condamné, exécuté; et chaque jour de nouveaux cadavres pendaient aux gibets du Cosso et de la place principale.

Si admirable que soit le soldat mineur, bravant pendant de longs mois la fatigue et les dangers, il ne l'est pas moins par son désintéressement; écoutez ce qui suit :

« J'en ai vu, qui en poursuivant leurs fouilles horizontales à » vingt pieds sous terre, ont brisé de leur pic des vases antiques » qui versaient devant eux l'or, l'argent et le bronze des médailles » que des Carthaginois, des Romains ou des Arabes y avaient en- » fouis dans des temps semblables. Il s'en fallait bien que ce métal » brillant à la clarté de la petite lampe du mineur suspendît son » travail ou excitât sa cupidité : il se bornait à pousser derrière lui » au mineur qui le suivait, et le trésor et les terres qu'il avait » remuées, disant simplement : « Tiens, passe le Pérou au capi- » taine; ça l'amusera! » Le capitaine Véron-Réville était un numis- » mate; il reçut ainsi quelques médailles très rares, découvertes » au pied d'une muraille romaine qui gênait les travailleurs par » la dureté de son ciment (2). »

Les monastères d'hommes attaqués les uns après les autres comme les couvents de femmes, se défendaient énergiquement; des caves aux toits ce n'étaient que débris humains; on ne pouvait faire un pas

1. *Mémoires du Général Lejeune*, Tome I.
2. *Sièges de Saragosse*, par le Baron Lejeune.

sans heurter des membres déchirés et palpitants. « Le sang ruisse-
» lait sous nos pieds, dit l'auteur du récit, dans le conduit des gout-
» tières que nous parcourions pour chercher s'il n'y restait pas
» des ennemis cachés ou des blessés à secourir. Depuis huit siècles,
» ces gouttières ne versaient que des torrents de pluie, et aujour-
» d'hui, par un contraste hideux, elles vomissaient des flots de
» sang humain. »

Pour se protéger contre l'ennemi, nos soldats employaient tous les matériaux : sacs de blé, ballots de laine fine, et jusqu'aux livres des bibliothèques des couvents. Ils entassaient à plat ou debout comme des briques les énormes volumes contenant l'histoire des martyrs, les in-folio en parchemin écrits par de savants religieux.
« Ce qui était plus affligeant encore, dit notre historien, c'était de
» voir, dans la nuit, nos soldats privés de bois, brûler ces livres
» pour se chauffer, ou en déchirer les feuillets pour s'éclairer dans
» les labyrinthes des décombres où il était si facile de se blesser.
» Nos officiers instruits gémissaient de ce vandalisme et cher-
» chaient à l'empêcher, mais le bois était très rare dans les cons-
» tructions de Saragosse, et il était souvent difficile de mettre d'autres
» combustibles moins précieux à la portée des soldats. Nous avions
» bien plus de peine encore à leur faire comprendre tout le prix
» des volumes grecs, latins, arabes ou antiques qu'ils dépareillaient
» en les déchirant ou en les brûlant.
» *Ces vieux bouquins*, disaient-ils, *ne sont bons qu'à faire du feu,*
» *nous n'y comprenons rien!* »
» C'est ainsi que l'on a perdu une collection très précieuse de
» manuscrits et de pièces diplomatiques originales d'une haute
» antiquité, dont il n'a été retrouvé que quelques feuillets épars. »

Le pionnier de la civilisation que se vante d'être le Français d'il y a cent ans comme celui d'aujourd'hui, a plus d'un crime de ce genre sur la conscience; en fait de destructions, nous ne cédons à aucun autre peuple, si même la Révolution ne nous a pas mis au premier rang.

Les objets d'art étaient traités de la même manière; je continue la citation : « Pour se garantir de la fraîcheur des nuits, les soldats
» avaient apporté au camp tous les tableaux qu'ils avaient pu reti-
» rer des églises ou couvents dont on s'était emparé; et ces toiles,
» peintes ou vernissées, les abritaient parfaitement contre le soleil,
» la pluie, le froid et l'humidité. A défaut de paille, ils faisaient avec
» le parchemin des manuscrits antiques une couche moins dure et
» plus sèche que la terre... Dans toute autre position, on se serait
» dit : Plutôt souffrir que détruire!... mais il y allait de la vie, et,
» faute d'autres ressources, on employait au camp les gros livres

» pour se coucher, les ornements des autels et les statues des saints, » les sculptures en bois doré pour se chauffer, et les tableaux » d'église pour couvrir les baraques...

» Une visite au camp était pour nous une véritable récréation, une » promenade à l'exposition de peinture... Ce spectacle semblait plaire » beaucoup à nos braves Polonais qui sont catholiques et en géné- » ral pleins de piété : on les voyait considérer avec recueillement » toutes ces représentations des sujets tirés de l'Histoire Sainte ou » de celle des Martyrs... Le désir d'imiter de si courageux exemples » ranimait leurs forces et les aidait à supporter plus patiemment » les privations de tout genre, persévérant stoïquement dans leurs » rudes travaux (1). »

En suivant le Cosso vers l'Est, on arrive à l'Université où la lutte fut si ardente, si acharnée que les assiégés, par une intrépidité vraiment admirable, se servaient aussitôt et sans relâche des trous faits dans les murailles par les boulets français comme de meurtrières pour tirer sur l'ennemi et cela pendant six jours consécutifs.

« Cette guerre affreuse, loin de produire sur les Espagnols l'affai- » blissement moral que nous attendions après tant de désastres, sem- » blait au contraire redoubler leur énergie; dans chaque maison, » on les entendait briser leurs escaliers pour en faire des barrica- » des, et les remplacer par des échelles que l'on pouvait retirer à soi; » chacun dans sa forteresse s'approvisionnait de grenades, d'obus » faciles à rouler sur l'assaillant, de poudre, de balles et de pierres » pour nous assommer. En même temps, les prêtres et les femmes » circulaient partout les armes à la main, au milieu d'une grêle » de balles et marchaient à la tête d'une nouvelle attaque avec une » audace étonnante. Hélas! cette fureur vint échouer contre la bra- » voure plus froide de nos soldats, qui se trouvèrent bientôt à » l'abri derrière des monceaux de cadavres.

» Au dehors de la ville, le couvent des Capucins n'avait pas été » inquiété par le bombardement, les assiégés en avaient fait un » hôpital. Tous les logements et l'église étaient encombrés de mou- » rants. Au milieu de la cour, plus de deux cents morts encore vêtus » étaient amoncelés, nous nous hâtâmes d'y faire mettre le feu. » Cette quantité de malheureux des *deux sexes* et de *tous les âges* » desséchés par la faim et la misère faisait peine à voir!

... » La nuit vint; ce n'était plus qu'à tâtons et en trébuchant » parmi les malades, les morts et les ruines que nous parcourions » les galeries de ce vaste édifice, lorsque nous découvrîmes une » bibliothèque considérable. Elle servit bientôt, comme les précé-

1. *Mémoires du Général Lejeune.*

» dentes, à faire des brandons pour dissiper l'obscurité; c'est à la » clarté de la flamme de ces feuillets précieux qu'un sapeur ramassa » dans les décombres un crucifix en or pesant plus d'une livre.

... » Rarement la guerre a présenté un tableau plus épouvantable » que celui des ruines du couvent de Saint-François : Breuillé avait » établi sous le clocher, un fourneau de trois mille livres de pou- » dre; à trois heures de l'après-midi, on y mit le feu; l'explosion » fut si terrible qu'elle lança une grande partie du couvent et du » cloître à une hauteur considérable... Nous avions espéré que les » Espagnols seraient épouvantés par la commotion qui avait fait » trembler au loin tout le quartier, elle ne fit au contraire qu'aug- » menter leur fureur.

» Ils se défendaient pied à pied, et la terre n'étant pas assez » spacieuse, il fallait les poursuivre et combattre jusque sur les » toits. Nous vîmes ces exaltés se précipiter sans hésiter du som- » met des murailles de l'édifice, à une hauteur de quatre-vingts » pieds, plutôt que de se rendre au vainqueur.

... » Un jour, nous venions de descendre dans une cave où des » Polonais étaient aux aguets; par les soupiraux, ils aperçurent un » Espagnol occupé à ramasser le plomb des balles dans un petit » jardin; ils l'ajustent et le tuent. A peine était-il tombé qu'une » femme en pleurs, vomissant des imprécations de désespoir, se » précipite sur le corps du défunt. Nos soldats immobiles respec- » tent la douleur de cette épouse éplorée; soudain, ils la voient se » relever avec rage, arracher le manteau, la giberne et le fusil de » son mari en nous adressant mille menaces; à l'instant, une balle » l'étend morte sur le corps qu'elle voulait venger.

» Peu de minutes après, une jeune fille de quinze à seize ans » accourt en jetant des cris déchirants : *Mi padre! mi madre! alma » de mi madre!* et elle se traînait à genoux pour les embrasser, les » ranimer, s'arrachant les cheveux de douleur, se roulant convul- » sivement sur ces êtres tant aimés, nous criant : Tuez-moi aussi, » tuez-moi donc!... Après avoir tenté inutilement d'emporter le corps » de sa mère, elle l'enveloppe du manteau pour pouvoir l'entraîner » avec la giberne et le fusil. Nous ne pûmes blâmer cette enfant, » et nos braves Polonais, tout émus, lui criaient dans leur langue » sarmate, ou en mauvais espagnol : *Malenka nie cekay sien! Chi- » quita no tiene miedo?* — Ne crains rien, petite! »

Ces scènes-là étaient de tous les jours et sur tous les points d'attaque.

Plus le siège se prolongeait, plus le feu dans les deux camps redoublait d'intensité. Après l'explosion du couvent de Santa-Engracia, détruit à coups de mine, les Polonais, comme des lions en

furie, engagent un corps à corps épouvantable. Notre intéressant témoin décrit cette scène : « Là, des moines, des soldats, des pay-
» sans, des femmes, et jusqu'à des enfants s'excitaient mutuelle-
» ment à la résistance; ils se défendaient du bas en haut des escaliers,
» de corridor en corridor, de chambre en chambre, se retranchant
» derrière des ballots de laine et jusque derrière des tas de livres,
» faisant de toutes parts un feu des plus meurtriers. Un de nos
» Polonais fut même assommé par un moine à coups de crucifix. »

C'est un épisode tout aussi tragique que notre poète François Coppée a retracé en ces vers si vivants et si poignants :

LA BÉNÉDICTION.

Or, en mil huit cent neuf, nous prîmes Saragosse
J'étais sergent. Ce fut une journée atroce.
La ville prise, on fit le siège des maisons
Qui, bien closes, avec des airs de trahisons,
Faisaient pleuvoir les coups de feu par leurs fenêtres.
On se disait tout bas : « C'est la faute des prêtres! »
Et quand on en voyait s'enfuir dans le lointain,
Bien qu'on eût combattu dès le petit matin,
Avec les yeux brûlés de poussière et la bouche
Amère du baiser sombre de la cartouche,
On fusillait gaîment, et soudain plus dispos
Tous ces longs manteaux noirs et tous ces grands chapeaux.

Mon bataillon suivait une ruelle étroite.
Je marchais, observant les toits à gauche, à droite,
A mon rang de sergent, avec les voltigeurs,
Et je voyais au ciel de subites rougeurs
Haletantes ainsi qu'une haleine de forge.
On entendait des cris de femmes qu'on égorge,
Au loin, dans le funèbre et sourd bourdonnement,
Il fallait enjamber des morts à tout moment.
Nos hommes se baissaient pour entrer dans les bouges,
Puis en sortaient avec leurs baïonnettes rouges,
Et du sang de leurs mains faisaient des croix au mur,
Car dans ces défilés il fallait être sûr
De ne pas oublier un ennemi derrière.
Nous allions sans tambour et sans marche guerrière,
Nos officiers étaient pensifs. Les vétérans,
Inquiets, se serraient des coudes dans les rangs
Et se sentaient le cœur faible d'une recrue :

Tout à coup au détour d'une petite rue,
On nous crie en français : « A l'aide! » En quelques bonds
Nous joignons nos amis en danger et tombons
Au milieu d'une belle et grave compagnie
De grenadiers chassés avec ignominie

Du parvis d'un couvent seulement défendu
Par vingt moines, démons noirs au crâne tondu,
Qui sur la robe avaient la croix de laine blanche,
Et qui, pieds nus, le bras sanglant hors de la manche,
Les assommaient à coups d'énormes crucifix.
Ce fut tragique : avec tous les autres je fis
Un feu de peloton qui balaya la place.
Froidement, méchamment, car la troupe était lasse,
Et nous nous sentions des âmes de bourreaux;
Nous tuâmes ce groupe horrible de héros.
Et cette action vile une fois consommée
Lorsque se dissipa la compacte fumée,
Nous vîmes de dessous les corps enchevêtrés,
De longs ruisseaux de sang descendre les degrés,
— Et derrière, s'ouvrait l'église immense et sombre.

Les cierges étoilaient de points d'or toute l'ombre;
L'encens y répandait son parfum de langueur
Et, tout au fond, tourné vers l'autel, dans le chœur,
Comme s'il n'avait pas entendu la bataille,
Un prêtre en cheveux blancs et de très haute taille,
Terminait son office avec tranquillité.
Ce mauvais souvenir si présent m'est resté,
Qu'en vous le racontant je crois tout revoir presque :
Le vieux couvent avec sa façade mauresque
Les grands cadavres bruns de moines, le soleil
Faisant sur les pavés fumer le sang vermeil
Et, dans l'encadrement noir de la porte basse,
Ce prêtre et cet autel brillant comme une châsse
Et nous autres cloués au sol, presque poltrons.

Certes, j'étais alors un vrai sac à jurons,
Un impie; et plus d'un encore se rappelle
Qu'on me vit une fois, au sac d'une chapelle,
Pour faire le gentil et le spirituel,
Allumer une pipe aux cierges de l'autel.
Déjà j'étais un vieux traîneur de sabretache,
Et le pli que donnait ma lèvre à ma moustache
Annonçait un blasphème et n'était pas trompeur,
— Mais ce vieil homme était si blanc qu'il me fit peur.
« Feu! » dit un officier.
Nul ne bougea. Le prêtre
Entendit, à coup sûr, mais n'en fit rien paraître,
Il nous fit face avec son grand Saint-Sacrement,
Car sa messe en était arrivée au moment
Où le prêtre se tourne et bénit les fidèles.
Ses bras levés avaient une envergure d'ailes.
Et chacun recula, lorsqu'avec l'ostensoir
Il décrivit la croix dans l'air et qu'on put voir
Qu'il ne tremblait pas plus que devant les dévotes;
Et quand sa belle voix, psalmodiant les notes,

Comme font les curés dans tous leurs Oremus,
Dit :
Benedicat vos omnipotens Deus,
« Feu! » répéta la voix féroce, « ou je me fâche »...
Alors un d'entre nous, un soldat, mais un lâche,
Abaissa son fusil et fit feu... Le vieillard
Devint très pâle, mais, sans baisser son regard,
Etincelant d'un sombre et farouche courage :
« *Pater et Filius* », reprit-il.

Quelle rage
Ou quel voile de sang affolant un cerveau
Fit partir de nos rangs un coup de feu nouveau?...
Je ne sais; mais pourtant cette action fut faite.
Le moine, d'une main s'appuyant sur le faîte
De l'autel et tâchant de nous bénir encor,
De l'autre, souleva le lourd ostensoir d'or.
Pour la troisième fois, il traça dans l'espace
Le signe du pardon, et d'une voix très basse,
Mais qu'on entendit bien, car tous bruits s'étaient tus,
Il dit, les yeux fermés :
Et Spiritus Sanctus.
Puis tomba mort, ayant achevé sa prière.
L'ostensoir rebondit par trois fois sur la pierre.
Et comme nous restions, même les vieux troupiers,
Sombres, l'horreur vivante au cœur et l'arme aux pieds,
Devant ce meurtre infâme et devant ce martyre :
« *Amen!* » dit un tambour en éclatant de rire!...

Nos troupes se lassaient cependant, et désireuses d'en finir avec cette guerre chaque jour plus meurtrière, ils établirent des fourneaux et des batteries sur tous les points :

« C'était un vacarme effrayant : le son du canon retentit sur » chaque muraille; le craquement des toits sous la chute et les » éclats des bombes, le pétillement de plusieurs incendies à la fois, » le tocsin qui sonnait à tous les clochers, le sifflement des boulets, » des obus et de la mitraille, le tintement aigre des mortiers, enfin » tout ce bruit confus, triplé par les échos sur les édifices qui trem- » blaient, au point que les tuiles tombaient sur nos têtes et sur celles » des Espagnols, formait une musique guerrière qui devait jeter » l'épouvante dans le cœur des assiégés et qui faisait tressaillir » nos soldats d'une vive allégresse (1). »

La fatigue était devenue extrême pour l'officier comme pour le soldat; l'épidémie qui décimait l'armée espagnole atteignait l'armée française : vivres, linges et médicaments, tout manquait; les prodiges de valeur accomplis par nos troupes allaient devenir inutiles; malgré nos succès sans cesse renouvelés, nous avions laissé sur le

1. *Mémoires du Général Lejeune.* Tome Ier, p. 225.

champ de bataille : généraux, officiers et soldats; le témoin auquel nous avons emprunté une partie de ce récit fut lui-même deux fois blessé; la première fois atteint à la tête et perdant connaissance, on le porta hors du camp, mais, ayant lavé et pansé sa blessure, il revint à la tête de sa colonne et dirigea de nouveau l'attaque.

Quelques jours après, traversant avec son général les ruines amoncelées dans la cour de Santa-Engracia, il reçut un boulet qui lui meurtrit l'épaule et lui causa une douloureuse suffocation; il en fait le récit d'une façon fort touchante :

« Cette seconde blessure me mit hors de combat pour quelques » jours. Tandis que je me retirais à travers les décombres de ce » cloître ruiné, à l'endroit où ceux qui me soutenaient firent une » pause dans ce champ de carnage, je vis une croix blanche qui » s'élevait sur un groupe en marbre représentant le Christ dans son » linceul au bord du tombeau; il était placé sur les genoux de sa » mère en prière au pied de la croix. Les regards de la Vierge tournés » vers le ciel, ses mains ouvertes et étendues vers la terre, son » expression de douleur et sa bouche suppliante semblaient dire : » « Dieu tout-puissant, ce n'est point pour s'entre-détruire que tu » donnes la vie aux humains; apaise leur rage homicide, et par- » donne à leur funeste erreur, comme mon fils leur a pardonné! » » Une auréole s'était formée dans un nuage épais de poussière et » de fumée que le vent faisait tournoyer autour de la statue, qui » semblait être animée. Cette vapeur ne me laissait voir qu'en partie » les morts et les mourants dont le sang ruisselait sur les marches » du piédestal; et les tristes réalités de ce tableau n'apparaissaient » à mes yeux que comme une vision sublime dont l'aspect imprévu » me frappait d'admiration. Ma tête affaiblie crut voir sortir de ce » nuage la main que me tendait la Providence; j'implorai son se- » cours, et dans le même instant Valazé m'apporta quelques gouttes » de vin dans une outre qu'il avait trouvée parmi les débris du » couvent. Ce breuvage répara mes forces, et ma blessure fut » légère. »...

Nos soldats suivaient des yeux les bombes qui écrasaient le palais de l'Archevêque, qui enfonçaient les voûtes de Notre-Dame del Pilar, et leur espoir de la fin de cette guerre atroce redoublait pendant que le peuple espagnol indigné de ce qu'il considérait comme des sacrilèges entrait en fureur, s'abandonnait au désespoir, chantait toujours, quoique plus faiblement :

La Virgen del Pilar dice
Que no quiere ser francesa
Quiere ser la Capitana
De la tropa aragonesa.

Cependant la population décroissait d'une manière effroyable, le typhus faisait périr chaque jour dix fois plus de personnes que la veille... « Il n'y avait plus de service régulier dans les hôpitaux qui » étaient encombrés... Les malades mouraient, consumés par les » ardeurs de la fièvre, sans qu'une main secourable vînt leur apporter » un breuvage rafraîchissant ». Finalement, Saragosse dut capituler.

« *La madre de Dios nos abandona!* » criaient les femmes. Près de quatre-vingt mille sur cent mille habitants étaient morts d'épidémie, de misère, ou tués par les balles; les autres ressemblaient à des spectres ambulants! Livides, décharnés, ils sortirent enfin de leurs caves, des souterrains plus éloignés où ils avaient trouvé un refuge, et ils cherchaient au milieu de monceaux de ruines, la place de leurs maisons, les corps desséchés de leurs pères, de leurs mères, de leurs femmes, de leurs enfants.

Cependant la garnison défilait devant les troupes françaises : Treize mille hommes malades, d'une maigreur hideuse, la barbe noire, longue et négligée, les vêtements sales et en désordre, se traînaient lentement au son du tambour. « Un sentiment d'orgueil et de fierté » indéfinissable perçait encore sur leurs visages noircis par la poudre » et sombres de colère et de tristesse. La ceinture espagnole » de couleur vive dessinait leur taille, le chapeau rond surmonté de » plumes de coq ou de vautour ombrageait leur front, le manteau » brun ou la couverture de mulet, jeté négligemment sur les costumes » variés de Catalans, d'Aragonais, de Valenciens, donnaient encore » de la grâce à leurs vêtements déchirés dans de si nobles fatigues, » et aux haillons rembrunis dont ces spectres vivants étaient » couverts. Les femmes et les enfants suivaient en pleurant et invoquant » la Madone.

» Au moment où ces braves déposèrent les armes et livrèrent » leurs drapeaux, ils exprimèrent un violent sentiment de désespoir; » leurs yeux étincelaient de colère en regardant notre petit » nombre, comme s'ils regrettaient d'avoir faibli. Ils partirent pour » la France, et Saragosse était conquise! »

Quand on se promène dans la ville héroïque avec le cortège de ces souvenirs, il faut s'attendre à de violents contrastes : L'archevêché, si maltraité, a été reconstruit, et laisse voir sa belle façade moderne; les couvents incendiés sont, pour la plupart, sortis de leurs ruines; la Cathédrale, sauvegardée dans sa surcharge d'ornements, est plus riche que jamais de sculptures, de peintures, de châsses, de tombeaux, de bas-reliefs, de figurines, etc... L'extérieur seul de ces monuments porte les traces de ce siège funeste par la profusion des statues mutilées, les trous des projectiles ou les éclats des bombes.

En Aragon, comme dans toute la Péninsule, on a la passion des courses de taureaux : en rentrant à l'hôtel, on annonce une *corrida* pour trois heures; bonne occasion de découvrir ce qui peut tant passionner l'Espagnol en ces jeux-là. A l'heure indiquée, le Tram nous mène à la Plaza de Toros, au quartier des Gitanos. Nous nous avançons vers le Cirque; un gardien nous indique une des nombreuses portes qui sectionnent l'édifice; nous la franchissons et par d'étroits corridors, nous arrivons aux gradins où deux places, *asientos de sombra* — assises à l'ombre — nous ont été réservées. Effectivement, nous sommes en avance, il n'y a pas autour de nous un millier de personnes; nous en profitons pour examiner à l'aise la disposition intérieure. Autour de l'arène sablée, une barrière circulaire en planches d'au moins un mètre cinquante de hauteur, garnie de chaque côté, d'un rebord en charpente pour permettre aux combattants de poser le pied et de sauter afin de se soustraire aux fureurs du taureau. Elle est percée de quatre portes réservées au service de la place : entrée des taureaux, entrée et sortie des quadrilles, enlèvement des cadavres, etc. Un petit couloir sépare cette barrière, — *las tablas*, — c'est le mot technique, — d'une autre plus élevée et garnie d'une sorte de filet destiné à arrêter l'élan de l'animal qui serait parvenu à franchir la première barrière.

Les gradins commencent après cette seconde enceinte : les premiers s'appellent ! *Barrera*, — près de la barrière; — ceux du milieu: *Tendido*, — les *Tabloncillas* sont adossés au premier rang de la galerie couverte. Immédiatement après viennent les places couvertes; elles se divisent en : *Delantera*, — places de devant, — *centro*, — places du milieu, — *tabloncillo*, — places adossées. — Au-dessus s'élèvent les loges ou — *palcos* — et *palcos por asientos;* la différence entre ce dernier et le *palco* simple est qu'on peut y prendre une seule place si on ne veut pas de la loge entière — chacune contient vingt places. — La loge de l'ayuntamiento à notre droite est ornée de baldaquins et de tentures rouges frangées d'or.

Dix mille spectateurs tiennent à l'aise dans cet immense espace qui s'emplit peu à peu; bientôt, il n'y a plus un vide; au soleil ou à l'ombre, tout est occupé. Les musiciens s'installent à leur tribune, la foule les acclame, mais les hourras redoublent à l'arrivée du Gouverneur prenant place à son *palco*.

J'avais souvent entendu parler de la majesté imposante d'une mise en scène de corrida; j'étais donc tout yeux pour bien contempler et impatient de voir arriver le quadrille.

Juste en face, la porte s'ouvre et la troupe qui doit opérer s'avance processionnellement jusqu'au pied de la tribune du Conseil, tous saluent et continuent leur marche autour du cirque. En tête, les *picadores*, à cheval, lance au poing; veste courte, en velours orange ou vert, brodée d'or ou d'argent, semée de paillettes, ornée de franges, de boutons, surtout aux épaules qui disparaissent sous un fouillis de broderies de toutes couleurs, une ceinture de soie retient le pantalon en peau de buffle, que l'on me dit être garni intérieurement de tôle pour protéger contre les coups de corne si vivement donnés par l'animal furieux. La selle, devant et derrière, est très haute, elle ressemble au harnais des chevaliers du moyen âge; les étriers sont en bois et le talon du cavalier est armé d'un long éperon de fer.

Après eux les *chulos*, jeunes gens à l'air leste, la mine gracieuse et éveillée; ils portent une culotte courte en satin, vert, bleu ou rose, selon leur goût, brodée d'argent aux coutures; une veste à ramages; sur la tête la *montera* — sorte de bonnet de drap — qu'ils penchent coquettement vers l'oreille; au bras, la *capa*, manteau d'étoffe de couleur qu'ils font papillonner devant le taureau pour l'exciter, l'éblouir ou lui donner le change.

Les banderilleros viennent ensuite, leur costume ne diffère guère du *capeador;* au lieu de la *capa*, ils ont en main des *banderillas*, — flèches barbelées et entourées de papier découpé — destinées à raviver la fureur du taureau. Cette opération n'est pas la plus aisée, car d'après les règles, on doit poser deux flèches à la fois, et pour cela passer les deux bras entre les cornes de l'animal qui ne doit être tué qu'après en avoir reçu au moins quatre paires.

Puis l'*espada*, ou *matador*, plus richement habillé que tous les autres; ses vêtements de velours ou de soie brodés d'arabesques d'or, le signalent à tous; il tient en main sa longue épée avec garde en croix, et une *muleta* — étoffe écarlate — qui lui sert à la fois d'appel et de bouclier....

Enfin, quatre mules, couvertes de draperies, orange et rouge, — couleurs nationales — traînant les cordes et le crochet qui devront emmener les cadavres, ferment la marche.

Toute la troupe est à cheval; trois fois, elle fait gracieusement le tour de l'arène, puis elle s'élance au galop vers la porte de sortie. Le spectacle est beau; l'ensemble de cette *cuadrilla* est brillant; les costumes sont élégants et pittoresques; la démarche des hommes, légère; leur attitude, vive et fière comme il convient à des gens qui concentrent l'attention d'une foule, tour à tour caressante et menaçante, sympathique ou impitoyable...

Cependant, le matador, beau jeune homme à figure pâle, s'avance jusqu'au pied de la tribune de l'Alcade, salue et demande la permission de commencer la course; pendant que l'alguazil ramasse et porte la clef du toril au garçon de combat, deux *picadores* vont prendre leur place à droite et à gauche de l'arène et, fermes sur leurs étriers, ils attendent.

La première minute est angoissante, tous les yeux sont fixés perplexes sur la porte rouge,... tout à coup, les deux battants s'ouvrent et un taureau — *Quito* — s'élance au milieu du cirque, aux acclamations de la multitude. Ebloui par la lumière intense succédant à son écurie sombre, il s'arrête étonné, regarde la foule aux gradins, aperçoit un picador et dans un élan furieux, court droit au cheval, lui donne au flanc un coup de corne qui le fait bondir sans le renverser; le picador qui a fait usage de sa lance est resté en

TORÉADOR DÉTOURNANT LE TAUREAU D'UN PICADOR DÉSARMÉ. (P. 201).

selle, mais un filet de sang à la tête du taureau, montre que l'aiguillon a porté.

Il court au second *picador* qui le reçoit, intrépide, pendant qu'un *chulo* s'approche, agite sa cape, attire sur lui l'attention et l'attaque : le matador donnant sa muleta à un banderillero, prend deux flèches et va droit à l'animal; celui-ci indécis creuse la terre de son sabot, fait voler le sable, mais sans prendre son parti; le jeune homme, lui, secoue ses flèches à quelques pas; au bruit du fer, *Quito* se redresse, d'un bond il s'élance sur son provocateur, mais celui-ci l'a devancé, en un geste vif, il plante ses banderilles et se retire prestement.

Au même instant un capéadore déploie un morceau d'étoffe rouge aux yeux du taureau qui, furieux, fait tous ses efforts pour se débarrasser des fers qui l'ensanglantent. Ce nouvel obstacle l'irrite, il poursuit le chulo, l'atteint presque, mais l'agile jeune homme court aux *tablas*, saute de l'autre côté et échappe à la férocité de l'animal qui aperçoit un banderillero et tourne vers lui sa fureur. Rapide comme la pensée, l'intrépide combattant applique ses deux flèches dans le cou du fauve et s'esquive en souriant.

Le jeu des chulos et des banderilleros se succède pendant un bon quart d'heure à la grande joie du public; mais voici l'espada, noblement il s'avance, salue le gouverneur, présente son épée, adresse quelques mots que le bruit ne me permet point d'entendre et entre en scène; il va droit au taureau, pendant que la foule crie : *Mata! mata!* » — tue, tue. — Le moment est critique, un silence solennel plane sur l'assemblée, tous les yeux sont fixés sur l'arène pour l'assaut final!... Qui sera vainqueur? la bête ou l'homme?... Les voilà en présence : l'animal prend son élan, mais à la minute même, *Eusebio* lève le bras, et entre les deux cornes, lui enfonce son arme

BANDERILLERO PLAÇANT DES BANDERILLES. (P. 203.)

jusqu'à la garde... le taureau chancelle... sa tête se penche... ses jambes fléchissent... il tombe... il est mort...

C'était un coup bien porté... La foule, trépignant de joie, éclate en bravos!... Les pieds, les mains, la voix, tout marche : un véritable ouragan.

Un toréador arrache l'épée du cou de la victime et la remet au matador; après un geste gracieux, le jeune conquérant reprend possession de son arme, l'essuie tranquillement avec sa *muleta* et va reprendre haleine pour un nouveau combat.

Cependant l'attelage de mules arrivait au galop; un *muchacho* plante son crochet de fer dans le cou de l'animal qui est traîné autour de la place au son de la fanfare; un autre garçon de service répandait de la terre sur les mares de sang où le pied du torero aurait pu glisser. En un tour de main, à l'aide du râteau, l'arène était renouvelée, il n'y avait plus trace de lutte : le toril s'ouvrait une seconde fois, et un superbe taureau noir et blanc s'élançait dans l'arène.

Occupé au fond de l'espace, *Chorlito* n'apercevait point les *picadores* rangés en ligne de l'autre côté, l'un d'eux s'avance de quelques pas, aussitôt l'animal accourt, reçoit un magistral coup d'aiguillon, mais en même temps donne un tel coup de corne au cheval qu'il lui déchire le ventre et le renverse; le cavalier est désarçonné; j'eus un frisson : « Il est mort... me disais-je, ou il ne vaut guère mieux!... » Mais ces chutes se présentent si communément aux Corridas; pendant qu'un chulo appelle le taureau et l'excite avec sa *capa*, d'autres relèvent le *picador* qui n'a pas une blessure, et le cheval dont les entrailles pendent à terre; le cavalier reprend sa place et

LES JEUX DE L'ESPADA. (P. 203).

son arme, impassible comme s'il venait de recevoir une simple chiquenaude.

La course s'annonçait bien : la foule entière, enchantée de ce début, applaudissait taureau et picador. Celui-ci donne un coup d'éperon à sa monture et va de nouveau à l'encontre de *Chorlito* dont il reçoit une *cogida* — coup — terrible qui cette fois met son cheval hors de combat.

La fin de la lutte fut mouvementée; après les fausses attaques et les excitations ordinaires, après les banderilles réglementaires, l'espada arrive, fait voltiger l'étoffe rouge de la main gauche, puis de la droite pique son épée, mais, au lieu de s'enfoncer dans le cou de l'animal, elle glisse sur l'échine et retombe sur le sol.

Ce fut une huée sauvage à l'adresse du matador... Pour assouvir la rage du taureau que les blessures rendaient plus furieux, on amène un picador; l'animal part en bataille contre lui; ses coups de corne sont si violents que le cheval faisait un bond énorme, retombait sur le flanc avec son cavalier qu'on eut beaucoup de peine à dégager, *Chorlito* s'acharnant à dépecer sa victime qu'il jetait en l'air, malgré les excitations réitérées des capeadores pour l'attirer ailleurs. Ils réussirent cependant. Au milieu de l'arène, le matador l'attendait de pied ferme, il reprend son épée, frappe, mais la malchance voulut qu'une seconde fois elle roulât sur le sable!... Accablé de sifflets, qu'accentuaient encore les *bravo toro!* le jeune toréador, pâle d'émotion, le visage en sueur, la main quelque peu ensanglantée, vint se reposer sous mes yeux. Une belle señora lui jeta son mouchoir de fine batiste, il le ramassa et le rendit en disant : « Non, non, je ne mérite pas! » et simplement il s'essuya le front sur sa manche de velours.

Quand il eut repris haleine et reçu sa malheureuse épée, le courageux jeune homme va droit au taureau, et vise si bien que cette fois l'arme s'enfonce comme un couteau dans une motte de beurre; mais le public lui tenait rancune, le brave matador ne fut que peu applaudi.

La fanfare sonna la mort de *Chorlito*, comme la première fois, une des portes s'ouvrit, quatre mules magnifiquement harnachées, plumets en tête, grelots et houppes de laine partout, entrèrent au galop dans l'arène; à leur crampon, on accrocha d'abord les chevaux, puis le taureau; une nuée de garçons nettoya la place; de nouveaux picadores vinrent s'installer à leur poste, et la porte du Toril s'ouvrit pour la troisième fois, car ce spectacle n'a pas d'entr'acte, rien ne le suspend, pas même la mort d'un torero. — Des *doublures* sont là habillées et armées en cas d'accidents.

Le troisième taureau : *Melero*, bel animal noir, aux cornes bien ouvertes, accourt jusqu'au milieu de la place, puis s'arrête subitement, étonné du tumulte, sans doute, — on l'avait accueilli par des hourras — il lève la tête, renifle l'air deux ou trois fois, regarde autour de lui essayant de s'orienter; sa façon de faire amuse la foule; ses tours à droite et à gauche sans attaque fixe ont quelque chose de curieux; ce fut bien pis quand, excité par le *capeadore* Fuentès qui ne cessait de faire voltiger à ses yeux sa *cappa* rouge, il le poursuit avec un tel acharnement que, pour se dégager, le *chulo* lui jette sur la tête son morceau d'étoffe. Cette coiffure, nouveau genre, le met en fureur; avec des beuglements de colère, il secoue la tête, et s'enveloppe de plus belle dans le manteau : « *Melero!* » lui cria-t-on de toutes parts, « allons, *Melero!...* » L'animal tire du pied, sans y réussir, ce voile qu'il n'aime guère; il y parvient enfin... alors, ce sont des piétinements de rage, des coups de corne dans l'innocente étoffe qu'il fait voler en l'air d'une façon tout à fait comique, oubliant à cause d'elle ses véritables ennemis.

Tout à coup, il en aperçoit un près de lui; c'est maintenant une chasse à l'homme ininterrompue, puis des attaques aux *picadores* auxquels il tue quatre chevaux. Au plus fort de la lutte, les jeunes banderilleros avaient réussi à orner la tête de notre *Melero* d'une douzaine de flèches qui à chaque mouvement de l'animal s'enfonçaient davantage et lui faisaient une sorte de collerette à la Henri IV.

Mais voici l'*espada*, le señor Montès, de nouveau il concentre tous les regards; après avoir comme de coutume salué la loge de l'*ayuntamiento* et obtenu la permission de tuer le taureau, il jette sa *montera*, et d'un pas délibéré, il marche droit à *Melero*, cachant son épée dans les plis rouges de sa *muleta*.

Le moment favorable est venu, *Montès*, rapide comme l'éclair, passe son épée entre les deux croissants déjà près de sa poitrine; le taureau tombe à genoux devant son vainqueur, il meurt sans perdre une goutte de sang, ce qui est le suprême de l'élégance!

Cette fois, un tonnerre d'applaudissements partis de tous les gradins, des *palcos* de la noblesse aux *gradas cubiertas* de la bourgeoisie et aux *tendidos* du peuple, rendait hommage à l'adresse et au courage du jeune *matador;* ce n'était que : *Bueno! Bueno! Viva el Montès!...* Du coup, l'*espada* était réhabilité!

Dans cette *Corrida* il y eut cinq taureaux de sacrifiés; ils éventrèrent une douzaine de chevaux, mais pas un homme ne fut blessé.

Je compris à merveille combien il est facile de se passionner pour un spectacle qui offre à hautes doses l'adresse et la cruauté, le piquant du danger et la saveur de la victoire. L'Espagnol, connaisseur de tous les détails, de tous les usages, de toutes les règles qu'il n'est pas plus permis d'enfreindre que de tricher au jeu, est pris par l'attention qu'il porte à tout à la fois; par la prévision des attitudes, des gestes, des coups, par le jugement des mérites ou des démérites, se passionne tout de suite pour ou contre, et sa passion éclate dès que l'occasion la provoque. A mes yeux, cette foule de dix mille personnes, si vivante, si riante, si bruyante, est intéressante au même degré que le noble animal qui va mourir : elle ne s'appartient plus, elle est la proie de sa curiosité, de ses désirs, de ses habitudes, et c'est commettre un à côté que de lui reprocher le goût du sang, puisque, au contraire, son enthousiasme est au paroxysme quand le taureau tombe sans en verser une goutte. Pour l'Espagnol, ce qu'il recherche et acclame, c'est l'adresse, la dextérité, la bravoure; il ne peut souffrir la lâcheté ni dans l'homme, ni dans la bête; et il est à ce point impartial qu'il applaudit l'un et l'autre suivant leurs mérites réciproques; les « *bravo Toro* » ou les « *bravo Torero* » se succèdent sans égard pour les adversaires.

Cela ne les empêche point d'être polis, humains, compatissants,

serviables, et cela n'empêche point non plus les belles Aragonaises, qui sont légion ici, d'être de bonnes et douces, et, m'assure-t-on, de chrétiennes créatures.

La passion des *corridas* est peut-être moins dépravante que celle du théâtre où l'enjeu est une intrigue de haine ou d'amour, tandis que là l'enjeu unique, constant, c'est, il est vrai, la vie, — de l'homme rarement, — de l'animal toujours; s'il y a tuerie, du moins, ce n'est pas l'âme qui est victime.

Après le quatrième taureau, las des émotions violentes par lesquelles nous passions depuis plus de deux heures, fatigués aussi par la chaleur intense du cirque, nous quittons la *Plaza*, et, par le *Tram*, nous rejoignons en quelques minutes la plaza de la Constitucion au centre de Saragosse. Cette place que nous retrouvons dans chaque ville d'Espagne tient à la persistance d'un souvenir historique, la proclamation de la Constitution de mil huit cent douze. De même que nous avons eu à foison des places « royales » ou « impériales », qu'aujourd'hui nous usons à plaisir du nom de « république » ou de « liberté », nos voisins d'outre-monts ont donné le qualificatif de « Constitution » à la principale place des grandes villes.

Il est six heures : le soleil a un éclat toujours pur, mais ses rayons sont plus doux, sa chaleur moins intense : tout invite à la promenade. Je le fis d'autant plus volontiers que je tenais à saluer encore quelques témoins des combats héroïques de mil huit cent neuf.

En voici un, mutilé, mais glorieux : la *Puerta del Carmen* que les boulets ont entamée sans trop la défigurer. Les belles lignes de style grec du dix-septième siècle sont presque intactes, en dépit des morsures de l'artillerie qui a emporté un coin de sa couronne et infligé à la pierre des déchirures mémorables, mais peu compromettantes pour sa solidité. La grande porte est accostée de deux plus petites qui font un bel ensemble; un arbre a poussé sous la baie principale et s'y épanouit à l'aise; d'autres font un buisson pittoresque au faîtage d'une des portes latérales; des fleurettes, par poignées, mettent la gaieté de leurs pétales blancs et rouges dans les trous des boulets; les oiseaux gazouillent leur hommage au Créateur avant de cacher leur tête sous l'aile pour la nuit; la bonne nature a posé son baume cicatrisant de vie et de joie sur les blessures de la guerre; et pour achever la note gracieuse, des enfants jouent et rient au pied de la vieille muraille : rien n'est effacé du terrible passé, mais, tout semble oublié.

« *Santa Engracia*, s'il vous plaît? »

Cette question s'adressait à un agent qui n'entendait point le français; mais au nom de Santa Engracia, il comprit tout de suite.

— « Llega usted », dit-il. — Venez! »

Nous le suivons. Arrivés à l'avenue de la Independencia, la plus belle de Saragosse, il nous fait tourner à droite, et nous indiquant l'église : « He aqui! »..., puis, d'un autre geste, montrant un vaste emplacement : « *Convento antiguamente!* » C'est là qu'autrefois était le monastère sapé, miné, envahi par nos soldats; nous sommes sur la cour même où le Général Lejeune, véridique narrateur du siège, en même temps que capitaine intrépide, reçut à l'épaule une blessure qui le mit hors de combat pour la seconde fois. »

En entrant dans l'église de Santa Engracia, je cherche des yeux le Crucifix afin de demander à Celui qui est venu mourir pour nous, d'aider son Eglise et tous les pouvoirs chrétiens à établir la paix entre les nations. Cette guerre déclarée à l'Espagne était injuste et déloyale dans son principe; et malgré tant de succès remportés, nous devions être contraints de laisser nos conquêtes à ceux qui représentaient le droit, qui soutenaient la tradition nationale et défendaient la liberté de leur patrie.

Après s'être posée sur ces épisodes que rappelle à chaque pas ma promenade dans Saragosse, ma pensée se reportait aux siècles passés et je songeais à tous les témoins du Christ, à ces fidèles fervents, martyrs de la primitive Eglise, innombrables dans cette cité, qui ont versé leur sang pour affirmer et glorifier la foi chrétienne.

Nous sommes obligés d'avouer que l'empire romain auquel nous devons des lois justes et humaines, des institutions utiles, profitables à la société, descendit au niveau des peuples les plus barbares dans sa législation contre les catholiques. En ce pays, des milliers de chrétiens souffrirent des tortures atroces : les chevalets disloquaient leurs os, les ongles de fer déchiraient leurs membres; le feu les brûlait par fragments, le sel répandu sur leurs plaies vives, etc., etc., tous les genres de supplice furent inventés pour accroître leur martyre. Le proconsul Dacien se fit un triste renom d'inlassable cruauté à Saragosse; et ce sont ces nobles victimes que nous venons honorer d'un salut d'admiration et d'une prière dans la crypte de Santa Engracia.

La ville des héros est aussi la ville des martyrs; pour perpétuer leur mémoire, la fière cité leur a élevé un monument de foi et de patriotisme. Au milieu de la belle place de la Constitution, un magnifique groupe de bronze représente, sous la forme d'un ange surmonté de la croix, la foi catholique montrant le ciel de la main gauche pendant que la droite soutient un martyr. La statue repose sur un piédestal de pierre avec l'inscription : « *Victrix Cæsar-Au-*

gustæ pietas innumeris martyribus pro fide et patria. » — A ses innombrables martyrs de la foi et du patriotisme, Saragosse victorieuse et reconnaissante.

Un fils de l'Espagne, la gloire de Saragosse, celui que ses compatriotes appellent le « Prince des poètes latins », Prudence, les a chantés dans des strophes que je regrette de ne pouvoir citer en entier :

... « Toi, Saragosse, tu te présenteras le front ceint de ta blonde » et pacifique couronne d'oliviers; tu te présenteras avec dix-huit » martyrs, tes enfants;

... » Et puis des hécatombes d'autres encore (1), que toi seule, » mère sainte et féconde, tu as enfantées à Dieu.

... » Un fleuve de sang a parcouru tes rues; il a exorcisé les démons dont tu étais peuplée; il t'a purifiée tout entière.

» Une lumière divine a éclairé la nuit de l'enfer qui t'enveloppait : » le Christ est maintenant dans tes murs, dans tes maisons, partout.

» On dirait la ville natale des martyrs, le point de ralliement qu'ils » ont choisi pour s'envoler de la terre au ciel.

» C'est là qu'est né *Vincent;* c'est de ton clergé qu'il est sorti; » c'est là que triompha la maison sacerdotale des *Valères.*

... » Avant d'aller ailleurs consommer son sacrifice, Vincent ne » versa-t-il pas ici les premières gouttes de son sang, prémices des » flots qu'il en allait bientôt répandre!

... » A Saragosse repose aussi ton corps, ô *Engratia*, vierge vail» lante, toi qui terrassas le démon armé contre toi!

» Tous ses frères de martyre étant tombés autour d'elle, elle vint » habiter dans nos murs, et montrer à nos yeux éblouis le miracle » d'une morte vivante.

» Elle nous racontait comment les bourreaux avaient labouré son » corps de profonds sillons; comment, à travers la plaie de son » sein coupé, l'on voyait palpiter son cœur.

» Elle nous disait comment le sang empoisonné de l'affreuse cica» trice avait longtemps brûlé ses entrailles, jusqu'à ce qu'enfin le » temps l'eût consumé.

» Quoique le persécuteur ait retenu la hache qui allait faire tom-

1. Prudence veut parler de ces milliers de martyrs que fit une trahison de Dacien : Afin de détruire d'un seul coup tous les chrétiens que renfermait Saragosse, il avait fait publier qu'il consentait à leur laisser la vie sauve et la liberté d'aller où ils voudraient, pourvu qu'ils quittassent la ville; à peine en étaient-ils sortis, qu'il les fit envelopper par des soldats apostés à toutes les portes, et massacrer jusqu'au dernier. Il ordonna ensuite de brûler leurs cadavres, afin qu'on n'en pût recueillir les restes. L'Eglise les désigne sous le nom d' « innombrables » martyrs de Saragosse.

» ber la tête, tu n'en es pas moins martyre, ô vierge, tu n'en as
» pas moins consommé ta « *passion* »;

» Car nous avons vu ton foie coupé en deux par les ongles de
» fer; tu étais à moitié dans la tombe.

» Le Christ a bien voulu te donner Saragosse pour demeure en
» attendant celle du ciel.

» Entonne donc, ô ville sainte, des psaumes de triomphe en l'hon-
» neur de ton auguste sénat de martyrs.

» Chante *Optat* et *Lupercus*, *Martial* et *Successus;* chante la mort
» glorieuse d'*Urbain*, celle de *Julia* et celle de *Quintilien*.

» Qu'un chœur unanime et solennel célèbre le trophée de *Fronton*,
» les luttes multipliées de Félix, l'âpre constance de *Cécilien*.

» Qu'il glorifie les sanglants exploits d'*Evotius*, la passion héroï-
» que de *Primitivus*, le triomphe d'*Apodème*.

» Il me reste quatre noms à inscrire; ce sont les quatre *Satur-*
» *nins*.

... » Que la ville entière aille donc se prosterner sur les marches
» de cette tombe si pleine et si glorieuse; que nos larmes coulent
» sur ses parois de marbre;

» Afin de mériter d'aller, un jour, rejoindre cette légion frater-
» nelle. »

A quelques pas de l'église, un immense terrain, inculte hier, est converti en bosquets, en édifices publics du style le plus élégant. Au milieu, se dresse le monument des défenseurs de Saragosse : ils l'ont bien mérité, les braves, et la pierre et le bronze, superbes de pensée et d'expression, ne donnent qu'insuffisamment une idée de l'héroïsme des habitants pendant le siège terrible dont j'ai essayé de citer quelques traits; car, s'il est juste — en blâmant les actes irréparables d'un vandalisme stupide, — de reconnaître et de proclamer bien haut la vaillance de nos soldats qui ont, de leur côté, tant enduré et tant souffert, il n'est pas moins juste d'applaudir au patriotisme des Aragonais qui disputèrent pied à pied, nuit et jour, pendant neuf mois, leurs églises, leurs édifices, leurs rues, leurs maisons, et cela sous la pluie des balles, sous le feu des canons, dans le fracas formidable des mines...

En souvenir des longs siècles de batailles contre ses envahisseurs les Maures; en souvenir aussi de tant d'autres expéditions, de tant de faits d'armes glorieux et si magnifiquement chantés par les poètes, on a nommé l'Espagne : la Terre des Epopées — Burgos, Tolède, Cordoue, Grenade et mille autres noms, du Cid à Ferdinand, justifient cette noble appellation : on ne doit pas oublier que l'Aragon est un coin de cette terre sacrée, et que Saragosse a écrit, au commencement du dix-neuvième siècle, son épopée à elle d'un tragique ensanglanté, en des faits comparables aux plus grands exploits du « Cid Campéador. »

Voilà pourquoi, je me trouvais ce soir-là plein de respect et d'émotion devant le monument des défenseurs de Saragosse!

A droite, des milliers de fleurs s'épanouissent en de charmants bosquets autour de l'Académie de Musique, un palais digne de l'harmonie qu'il abrite. Au fond, deux autres palais; je m'approche

FERDINAND, ROI D'ARAGON. (P. 208.)

pour considérer la sveltesse des colonnades et mieux juger des détails : quelle n'est pas ma surprise de lire gravés dans la muraille ces quatre mots : « *Nous aimons les Français !...* » Voilà de la vertu, pensai-je. Après les horreurs de ce mémorable siège, aimer les Français et incruster dans la pierre pareille déclaration, n'est pas d'un cœur banal; décidément, les Saragossins ont le goût de l'épique. Mon amour-propre de *Français* en fut agréablement caressé, et j'entendis tout de suite un écho répondre en moi-même : « J'aime Saragosse! »

Voyageurs de demain, vous pourrez lire la monumentale inscription sur le Palais des Arts Industriels.

Un vaste et beau jardin public se crée là; déjà, il est le rendez-vous goûté des familles et des promeneurs; les enfants s'y égayent à l'aise et sans danger sous les yeux de leurs parents; ils sont aujourd'hui des centaines. Puissent-ils, au pied de ce monument, apprendre à être des braves contre tous ceux qui attaquent le foyer et l'autel!...

La foule est compacte dans la magnifique Alameda, par laquelle nous rentrons à l'Hôtel; en nous y mêlant, nous pouvons à loisir fixer nos observations sur la physionomie et le caractère particulier des Aragonais. Les hommes, à forte carrure, portent l'empreinte d'une hauteur froide et dédaigneuse, d'une énergie tenace qui les fait passer pour entêtés : « Ils enfoncent des clous avec leur tête! » dit le proverbe.

Dans leurs luttes séculaires contre les Maures, ils avaient élu un Grand Juge national responsable, chargé de surveiller le roi et de lui faire respecter les privilèges accordés à ses sujets. Quand le roi, agenouillé, venait prêter serment de gouverner selon la loi, le Grand Justicier d'Aragon lui disait : « Nous qui valons autant que » vous, et qui pouvons plus que vous, nous vous faisons notre roi » et seigneur, afin que vous gardiez nos *fueros* — *fors* — et *libertés*. » Sinon, non!... »

Cette fierté, pas plus que la fermeté, ne nuit à la beauté du type aragonais aussi remarquable chez les hommes que chez les femmes, celles-ci en costume éclatant, mais tout moderne; ceux-là d'une belle tenue que rien ne distingue des usages français; toutefois, nous découvrons de-ci, de-là, de curieux vêtements d'Aragon conservés par les campagnards : caleçon flottant serré d'une ceinture rouge et couvert de longues bandes de velours; gilet bleu ou vert garni de piécettes en guise de boutons : la *capa de muestra*, ornée de rosettes et de rubans, jetée négligemment sur l'épaule complète l'ajustement qui ne manque pas de cachet et de grâce, et que l'on regrette de voir peu à peu disparaître.

Sur tous les visages, nous lisons cet air de bonheur et de naturelle gaieté remarquée dans toute la Péninsule, en Andalousie surtout, gaieté qui s'accentua encore dans la soirée et que nous pûmes contempler de nos fenêtres admirablement situées sur la Place de la Constitution où la foule s'était amassée pour un feu d'artifice tiré à cet endroit même.

XIX

VERS BARCELONE

24 avril. — En route pour Barcelone. — Entre les montagnes et la mer. — Arrivée à Barcelone.

Lundi, 24 Avril.

Un dernier adieu à la *Vierge del Pilar*, et à sept heures, nous partons pour Barcelone; c'est un ruban de quatre-vingt-dix lieues qu'allonge encore le train de jour choisi, comme d'ordinaire, pour voir la terre espagnole, ses cultures ou ses stérilités.

Les premières, qui font une charmante ceinture verte à la capitale de l'Aragon cèdent vite — trop vite — la place aux secondes. Tout de suite le désert, un vrai désert, nous prend et nous tient : ah! il faudra qu'ils changent rudement, nos amis de là-bas pour qu'on dise d'eux comme des Catalans que nous allons visiter : « Ils changent en pain même les pierres! » Ici elles restent pierres, bien authentiques, et sur la montagne, et dans les ravins, et partout.

Autour du Canal Impérial, la culture prend sa revanche, la campagne bien arrosée est belle de sa vivante et printanière beauté; mais aussitôt la disparition de l'Ebre, c'est la stérilité plate ou montagneuse, et puis des torrents, des ravins, des tunnels, coupés çà et là de parcelles de vignes, se succèdent pendant plus de cent kilomètres. Nous avons le regret de ne pas apercevoir les vignobles si renommés dans ce pays, les tunnels inséparables des montagnes nous les cachent, mais on nous dit qu'en certaines années, le vin y est si abondant, que les habitants privés d'eau s'en servent à tout propos, même pour faire du mortier et bâtir, plutôt que d'aller chercher très loin au torrent inabordable le liquide nécessaire.

A Marsa, les longues et épaisses feuilles d'aloès sur les talus nous reportent par la pensée en Andalousie; un instant après, à Pradell, les jardins offrent une végétation magnifique; nous admirons des pois, les uns en fleur, d'autres en fruits, en pleine vigueur, — ils ont au moins un mètre de haut; — c'est le don d'un minuscule tributaire de l'Ebre que nous avons tout à l'heure rencontré pour la dernière fois.

Depuis une heure, nous sommes en Catalogne et dans les montagnes de la Tarragonaise.

Et des tunnels toujours... à peine sortis de terre, il faut rentrer dans ces chemins de taupe qui vous brident l'œil au meilleur moment; cette voie souterraine n'est pas la mienne, et je l'avoue, elle ne me donne nullement l'envie d'être mineur!... En quittant ces trous fatigants, pour ne pas dire inquiétants, nous nous trouvons tout à coup en face de la mer apaisée sous la caresse du soleil; c'est une compensation! Salut à cette vieille amie, la Méditerranée aux eaux bleues, aux vagues reposées qui semblent le mouvement de respiration de Tétis endormie; ce n'est plus l'enveloppement des ténèbres sous la montagne, c'est l'étendue sans bornes, la lumière sans nuages, la liberté du regard dans toute sa puissance, c'est, en un mot, la beauté de l'incommensurable après les resserrements et les horreurs de la nuit.

Voici *Reus*, grande cité manufacturière qui tisse le coton, la laine, le fil, la soie, et prend sa bonne part — le nombre des cheminées d'usine le révèle — du mouvement économique moderne. Nous nous éloignons, on le voit, du Sud indolent, et nous nous rapprochons des frontières où l'on travaille. De fait, dans cette Catalogne, le travail sous toutes ses formes est en honneur; les vallées arrosables sont changées en jardins; les pentes arides de la montagne ont été attaquées, les pierres triturées et contraintes à nourrir les vignes, les oliviers, les céréales même. Décidément, nous vérifions le proverbe : « Le Catalan sait faire du pain avec des pierres! »

Il y a toutefois encore trop de pierres dans les Sierras, et bien qu'il y ait foison de Catalans pour les travailler, l'agriculture ne suffit pas à alimenter la population surabondante qui s'est tournée vers l'industrie en y apportant la plus grande ardeur. D'autres émigrent volontiers; très âpres au gain, fort habiles à manier l'argent, ils vont dans les diverses provinces de l'Espagne utiliser les ressources que ses habitants ne savent pas exploiter : Toutes les villes des plateaux de l'intérieur ont leurs Catalans qui s'essayent à faire fortune et y réussissent presque toujours; dans maints endroits, le mot : « *Catalan* » est synonyme de marchand, de boutiquier, d'industriel.

Aux Philippines, à Porto-Rico, à Cuba, les colons Catalans ont été constamment en nombre considérable, se distinguant par leur zèle excessif à s'enrichir; aussi les créoles *blancs* et *noirs*, voyant des rivaux ou des maîtres, ont pour eux une aversion profonde, justifiée, il est vrai, par l'acharnement et parfois la férocité que déployaient ces émigrés à maintenir les Cubains en servitude politique et les noirs dans l'esclavage. Les Américains y ont mis ordre, on s'en souvient, par la guerre de Cuba.

Ici leur activité est bonne : mais on sait, par les récentes révoltes de Barcelone, combien facilement ils deviennent violents, quelquefois jusqu'à l'inhumanité.

En l'honneur de Villanueva, nous avons dix minutes d'arrêt; pas assez pour visiter cette jolie ville de vingt mille habitants située à droite de la voie; son aspect agréable, les élégants édifices qui la décorent, le parc qui la fleurit, la vieille tour qui la domine et surtout la mer qui la baigne, en font un séjour recherché et fort apprécié des étrangers. Mais les minutes sont passées, la marche est reprise, nous sommes devant le port si pittoresque de Silgès; station de bains de mer avec plage à cent mètres de la voie; les maisons bien bâties, entourées de jardins coquettement entretenus, donnent à ce petit pays un aspect ravissant.

Reprenons les tunnels!... ils sont si nombreux, si ennuyeux, que je ne les compte plus après la douzaine. Là-bas, des restes de vieilles tours, des collines boisées, des cultures irréprochables. Prat de Llobregat est coupé en deux par la ligne : un pont de fer franchit la rivière, les champs s'étalent au pied du Montjuich; nous traversons une immense étendue de l'échiquier que constitue la nouvelle Barcelone, et nous allons nous arrêter tout près de la vieille, de la vraie Barcelone. Il est six heures! pour la première fois depuis notre départ de France, le train n'a pas trop de retard : dix minutes seulement!

BARCELONE

Dieu! quelle avalanche de mozzos, d'interprètes, de casquettes galonnées!... Tous sont rangés comme une armée en bataille... Et ces cris,... cette confusion,... chacun clame son hôtel,... c'est une cacophonie épouvantable. L'un prend votre parapluie, un autre votre valise, un troisième s'accroche à votre personne... C'est merveille si l'on quitte la gare sain et sauf.

« Peninsular Hôtel!... Hôtel Peninsular! où êtes-vous?... » Rien,... des pisteurs en quantité, mais pas de Peninsular... Un interprète nous explique que quarante Manillais arrivés par le bateau le matin même ont tout envahi, qu'il n'y a plus la moindre place à l'hôtel demandé. Nous feignons de le croire, et comme au fond, nous n'avons pas de préférence marquée, nous nous laissons porter au « Gran Hôtel de Europa ». Là, pas de patron... on le cherche... introuvable... Enfin, après trois quarts d'heure d'attente, on nous assigne nos chambres,... et nous descendons faire honneur au dîner confortablement servi. Notre premier contact avec la capitale de la Catalogne, par la belle promenade de la Rambla, est intéressant, mais la journée a été fatigante, il faut songer au repos et réserver notre admiration et nos jambes pour de nouvelles courses.

XX

BARCELONE

25 avril. — La Cathédrale. — San Jorge. — Procédés de marchands. — La Rambla. — Le port. — Christophe Colomb. — Le monde ouvrier. — Jeunesse catholique. — Causerie sur les Espagnols et les Catalans. — En terre française.

Mardi, 25 Avril.

« Le chemin de la Cathédrale, s'il vous plaît?... »

Cette question s'adressait à un agent, tout de rouge habillé. Immédiatement, il quitte le porche sous lequel il causait et nous invite à le suivre.

— « Une indication nous suffira, nous ne voulons pas abuser de votre obligeance. »

De la façon la plus aimable et la plus gracieuse, le brave homme nous explique qu'il sera ravi de nous servir de guide et, sans attendre davantage, il se met en marche, mais si rapidement que nous sommes forcés de le prier de ralentir, ce qu'il fait du reste de la meilleure grâce du monde. Dans le parcours, il nous donne tous les renseignements désirables sur la ville, les édifices, le port, les nouveaux bâtiments, sur tout en un mot. Nous étions étonnés de tant de bienveillance dans la police de Barcelone; à l'hôtel, nous sûmes que cet homme, auquel nous nous étions adressés par hasard, fait partie d'une corporation établie spécialement *par* et *pour* la *cité*, dans le seul but de venir en aide aux étrangers à quelque nationalité qu'ils appartiennent. Rémunérés par la ville, leurs services sont absolument gratuits, ils doivent les rendre aussi souvent et pour autant de temps qu'on les leur demande. La couleur rouge de leurs vêtements les signale à l'attention et empêche les méprises... Nous applaudissons à cette initiative moderne et nous souhaitons de la voir s'étendre dans toutes les grandes villes d'Europe.

Les abords de la cathédrale n'ont de remarquable que leur malpropreté; un terrain vague, à gauche, rempli de détritus et de décombres, matériaux de maçons, de charpentiers et autres... La façade du monument religieux est elle-même échafaudée, et c'est au milieu des plâtras que nous pénétrons dans la vieille Cathédrale, ancienne de sept siècles; c'est la dernière que nous devions voir sur la terre d'Espagne; après les merveilles de Burgos, de Tolède, de Séville... nos yeux aidés de nos souvenirs sont devenus exigeants. Par esprit de justice cependant, ils constatent le caractère imposant de cette église gothique, l'élégance des colonnes, la hardiesse des voûtes, la clarté de l'abside aux grandes fenêtres garnies de vitraux, puis

BARCELONE. (P. 213.)

la profusion — bien espagnole celle-là — de figures, de filigranes, d'ornements de toutes sortes aux autels, aux stalles, dans les chapelles, même sur les tombeaux.

A côté, le cloître,... j'aime cette idée : un cloître fait bien près d'une église, il ménage la transition de la tranquillité du sanctuaire à l'agitation de la cité. Généralement, il entoure une cour ou patio, au milieu de laquelle un bassin donne la fraîcheur de ses eaux bienfaisantes aux masses de verdure qui l'ombragent. Tout, dans ces galeries, porte au recueillement et excite l'âme à la méditation, à la prière.

Ici, les piliers grandioses formés par des séries de fines colonnettes produisent un effet majestueux. Sur les gracieux chapiteaux qui les couronnent, de nombreuses figurines retracent les scènes de l'Ancien et du Nouveau Testament. Le temps a marqué son empreinte sur les fresques des murailles qui laissent difficilement deviner la valeur de l'artiste dans les peintures à demi effacées.

En quittant le cloître, un escalier conduit à la petite chapelle souterraine où repose une toute jeune fille, la charmante et douce Eulalie, victime à douze ans des fureurs de Dacien dont nous avons rappelé la sanglante mémoire à Saragosse. Sous les yeux et par l'ordre du féroce persécuteur, les bourreaux labouraient, avec des crochets de fer, les membres délicats de l'innocente enfant : « C'est là, s'écriait-elle d'une voix enjouée, que rendaient encore plus gra-

BARCELONE. — FAÇADE PRINCIPALE DE LA CATHÉDRALE (P. 216).

cieuse ses aimables sourires, c'est là une écriture qui grave sur mon corps la victoire de Jésus-Christ! » Des torches promenées sur ses plaies mirent le feu à son opulente chevelure et l'étouffèrent.

Vraiment, la grandeur du courage chrétien dépasse, on peut dire, la violence atroce du persécuteur...

Barcelone n'est pas seulement une grande ville, c'est encore une belle ville, riche de monuments remarquables, d'activité et de prospérité croissantes.

Sur la petite place de la Constitution, la *Casa de la Disputacion*, élevée au seizième siècle, avec sa façade d'ordre corinthien et son majestueux portail, abrite des tableaux intéressants et les archives de la couronne d'Aragon plus intéressantes encore; elle fait face à la *Casa consistorial*, gothique du quatorzième; là, sont déposées les Archives municipales que les fureteurs déclarent curieuses entre toutes, mais dans un fouillis touffu, qui dégénère en désordre; en revanche l'arrière-façade et le patio planté d'arbres et de plantes rares auxquels se mêlent de délicieuses fleurettes et de blancs bassins de marbre; le tout soigneusement entretenu par une main habile, donne un cachet d'élégance à ce côté de l'édifice.

J'en dirais autant de la *Casa Lonja* — la Bourse — où rien n'est épargné dans le luxe des marbres, des peintures, des sculptures, des fontaines. Mais tout décrire serait tout répéter... je signalerai seulement la ravissante chapelle de *San Jorge*, gothique fleuri, d'une suprême élégance.

Comment passer rapidement dans un quartier où le regard est sans cesse sollicité par les allures d'une foule bigarrée, pittoresque au possible, par les étalages de magasins coquettement agencés?... Le raffinement du goût et du luxe s'y déploie comme en plein Paris, et je citerais certaines devantures qui valent largement les expositions du « Bon Marché », du « Louvre », ou du « Printemps ». Le quartier des orfèvres fait ruisseler aux vitrines les diamants sertis d'or et d'argent; les vases sacrés destinés au service du culte catholique rivalisent de richesse avec les parures mondaines et ajoutent leur note grave à la note joyeuse des bijoux de soirée ou de fiançailles. La rue de la Plateria est une autre rue de la Paix!...

Il est difficile de ne pas satisfaire sa vanité ou ses fantaisies tant est alléchant le spectacle de ces boutiques aux marchandises variées : costumes catalans ou costumes modernes, mantilles et éventails, joyaux anciens et bijoux espagnols : tout est féerie de luxe inouï!... Mais dans cette vision, je suis heureux de constater que le goût français n'est pas parvenu à exiler la tradition espagnole de sa terre natale et que, dans chaque province, les coutumes anciennes se conservent dans les mœurs, dans les usages, dans les lois, dans les vêtements.

Un grave défaut à signaler cependant, c'est le manque de loyauté envers l'étranger : Nous passions *Calle Fernando*, un ravissant étalage attirait tous les regards par la beauté de ses produits; une dame française considérait avec attention, — peut-être même avec envie — une série de mantilles de tout dessin, de toute dimension; un employé s'approche : « Ce n'est pas cher, Madame, cinq pesetas seulement!... » Avant même que notre compatriote ait formulé une réponse, une voix derrière un comptoir disait en espagnol : « Dix francs »! et une troisième un peu plus loin criait dans la même langue : « *Quinze!* — *quinze!* ». — « Merci », dit la bonne dame en souriant, « je vois qu'ici les prix augmentent de *cinq* francs par minute; c'est à retenir », et elle continue son chemin.

« La même aventure m'est arrivée à Madrid, dit-elle en nous voyant sourire, et pour le même objet. Désireuse d'emporter quelque souvenir d'Espagne, je demande dans un riche magasin de nouveautés en solde, le prix d'une belle mantille blanche que je désignai : « Ciento pesetas, Señora », répond un employé, — cent francs!... Avant même que je fusse revenue de mon étonnement, une autre voix au fond s'écrie: « Cinco ciento » — cinq cents!... Je me lève

BARCELONE. — LA PLACE DU PALAIS.

et je cours encore. Décidément, on se fait un jeu d'écorcher les étrangers! »

Ces scènes typiques feraient croire que les marchandises ont plus de valeur que les marchands, à moins qu'elles-mêmes ne soient truquées, car, à Barcelone comme ailleurs, il est peut-être exact de dire : « Tout ce qui reluit n'est pas or!... » Il y a tant de choses luisantes et séduisantes!...

Qui veut voir les Barcelonais dans leur vrai jour doit se mêler à la foule sur *la Rambla*. Hier soir, à notre arrivée, une heure de promenade sur ce grand boulevard nous l'avait fait comparer aux

Capucines ou aux Italiens, avec cette différence qu'il est mieux éclairé; non seulement d'innombrables réverbères piqués entre les platanes donnent une lueur plus que suffisante, mais des lampes électriques englobées dans d'énormes boules en verre dépoli l'inondent d'une opulente lumière. C'est le lieu préféré où l'on se rencontre, le salon immense où l'on cause, où l'on flâne, où l'on marche des heures entières, observant ses voisins ou s'expliquant avec un ami, et il est fort amusant de voir les hommes appuyer leur dire de gestes expressifs, ne se doutant pas qu'ils donnent à l'étranger la joie d'entendre la musique de leur langue sonore et harmonieuse.

De chaque côté, une rue pavée facilite la circulation des tramways et des voitures et permet aux promeneurs de deviser à l'aise sans craindre d'accident, d'autant mieux qu'ils ne sont point gênés par le va-et-vient, puisque, selon la coutume espagnole, un trottoir est réservé à l'aller, l'autre au retour.

Cette pleine liberté, ce sans-gêne en plein air et en public est une des jouissances de l'Espagnol. A Barcelone, comme partout en Europe, les menus incidents de la politique générale ou locale font les frais de la conversation; grâce aux journaux, le thème se renouvelle sans cesse, identique ou à peu près, mais inépuisable. Parfois, des cavaliers passent, imposants dans leur costume, misérablement couronné du casque à pointe; cette note militaire n'est point désagréable, elle ajoute au contraire un éclat nouveau à la splendeur de cette matinée égayée par un soleil éclatant qui donne toute leur beauté aux grands arbres et aux brillants magasins de la Rambla.

Entraînés par l'aspect si gai des gens et des choses, nous descendons l'avenue vers la mer, c'est-à-dire jusqu'à la *Plaza de la Paz* sur le *Paseo de Colon* planté de palmiers et d'orangers. Une joie nouvelle nous attend, celle de saluer l'illustre Génois, le grand chrétien Christophe Colomb représenté en un monument intéressant dans sa simplicité sculpturale. Le génial navigateur qui, à la fin du quinzième siècle, découvrit le Nouveau-Monde et donna à l'Espagne tout un continent à conquérir et à l'Eglise un peuple immense à convertir, voit à ses pieds l'Amérique lui présentant une palme pendant que des sauvages tendent vers lui leurs mains enchaînées.

Quelle vie que celle de Colomb!... Ne trouvant que des incrédules parmi les princes et les rois auxquels il expose son dessein longuement étudié et médité, il tombe d'inanition et de fatigue sur les marches d'un calvaire près du couvent des Franciscains de la Rabida. Le Gardien, Dom Juan de Marchena, le trouve, le ranime, l'encourage et finalement lui ménage une audience de la grande Isabelle la Catholique. Entraînée par son invincible espoir, la reine lui confie trois caravelles pour aller à ses découvertes, mais les matelots se montrèrent indignes; ils eurent l'audace de se révolter contre leur chef et de l'enchaîner.

BARCELONE. — LA PORTE NEUVE.

Cependant, après huit mois de périlleuse navigation, le Nouveau-Monde était découvert, et en Avril mil quatre cent quatre-vingt-quatorze, Barcelone faisait à Colomb une entrée triomphale.

Aujourd'hui, sa statue se dresse devant le port, en face de cette mer qu'il a tant explorée; en la contemplant, ma pensée se reporte vers le petit port de Palos, dans l'Atlantique, d'où partaient le trois Août mil quatre cent quatre-vingt-douze, la « Niña », la

« Santa Maria » et la « Pinta », navires qui, sous l'habile direction du hardi marin, devaient révéler l'Amérique. Complètement envasé, ce lieu historique n'offre plus au visiteur que des plages indécises, couvertes et découvertes tour à tour par le flot, quelques masures formant village, et c'est tout!... De ce petit port animé où s'accomplit un des faits les plus importants qui aient inauguré l'histoire moderne, il ne reste rien, tandis que le port de la vieille *Barcino* — Barcelone — romaine a une tout autre destinée.

Il s'étend immense sous nos yeux, fermé par deux môles, divisé en larges bassins, dans lesquels abondent les vaisseaux qui portent trafiquants et marchandises, jusqu'aux confins de la terre; des paquebots énormes, d'une hauteur de six étages regorgent de voyageurs. Toute une flotte alimente de cotons américains les fabriques des faubourgs. Les filatures, les usines, les fonderies émergent de la végétation luxuriante des campagnes et lui donnent le caractère de grande ville industrielle. De fait, elle s'accroît avec rapidité, passant en quelques années de moins de trois cent mille habitants à près de six cent mille. Cette activité est merveilleuse et fait de la cité maritime la ville la plus animée de la Péninsule, bientôt peut-être, la première de l'Espagne.

Ce monde ouvrier, en ce moment si laborieux et si joyeux, occupé à embarquer, à débarquer des vins, des étoffes, des savons, des machines de tout calibre, n'est pas toujours aussi calme : dans les cent cinquante mille employés du port, il y a nombre d'internationalistes, d'anarchistes, de socialistes. On se souvient de la révolte subite qui éclata en Juillet mil neuf cent dix : le peuple ayant résolu de protester par une grève contre la guerre du Maroc, empêcha le départ des réservistes; en six heures toute l'activité de la grande cité se trouva suspendue et pendant cinq jours, ce fut une émeute terrible : des barricades, des fusillades, des incendies, le pillage des églises, le sac des couvents,... mesure éminemment propre, on le voit, à terminer la guerre marocaine!...

Qui m'expliquera pourquoi les révolutionnaires visent toujours d'abord les prêtres et leurs églises, les moines et leurs couvents, les moniales et les petites industries que parfois elles sont obligées d'exercer pour vivre?... Tout ce monde de socialistes, d'anarchistes... ne rêve que de faire le bonheur de l'humanité, c'est entendu; mais je ne parviens pas à découvrir comment il est indispensable de commencer par détruire, par assassiner des gens inoffensifs, par verser le sang innocent, pour cimenter cette fameuse cité future, sans cesse à l'état de rêve dans des cerveaux mal équilibrés... Les plus horribles scélératesses furent commises par des femmes et des enfants, et les premières victimes furent, comme d'ordinaire, des êtres sans défense, de pauvres religieuses.

Barcelone a fourni, pendant ces jours, le type des exploits qui marqueront *le grand chambardement*. Les *salaires* de *famine* en sont-ils améliorés?... Le budget familial est-il devenu plus large?... En vérité, il est assez troublant de ne pas trouver le lien entre les revendications ouvrières et les hauts faits de cette semaine révolutionnaire. Faut-il donc en venir à conclure que la répression, en fin de compte, n'a trouvé devant elle que des criminels?

Obsédé par ces souvenirs, en face de la mer scintillante et clapotante, devant l'exubérance de la nature printanière, l'opulence des frondaisons et des fleurs, je trouvais plus odieux ces crimes, plus abjectes ces injustices, plus horribles ces violences qu'une partie de nos ouvriers, ou prétendus tels, déposent en marge de la civilisation.

Il semble qu'à mesure que se multiplient les inventions les plus heureuses en faveur de tous, à mesure que la terre fécondée par un travail intelligent met un plus large et meilleur morceau de pain à la portée de chaque bouche; à mesure que la multiplicité et la rapidité des transports charrie plus vite d'un bout à l'autre du monde les produits nécessaires ou utiles; à mesure que se vulgarise la douceur de vivre, les haines se font plus profondes, plus meurtrières, les revendications souvent plus motivées; et c'est ainsi que les plus sanglantes révoltes deviennent la rançon du progrès.

Mais Dieu ne veut pas être longtemps méconnu, il ne permet pas que le bien périsse sous l'invasion du mal; à Barcelone, comme à Saragosse, comme à Madrid, à Tolède et partout, les jeunes catholiques avec la belle audace de leur tempérament, la belle confiance de leur âge, se groupent, unissent leurs efforts, multiplient leurs activités, et se font à leur tour conquérants, conquérants de la paix, de la justice sociale. On a plaisir à constater cette fermentation déjà féconde, déjà puissante, des meilleurs éléments de la chrétienne et sympathique nation.

Ce rayon de soleil suffit pour reléguer bien loin les idées pessimistes et les mauvais souvenirs; nous ne voulons plus voir que la cité assise au bord de la mer, hérissée de fortifications menaçantes qui ont plus souvent vomi du fer sur les habitants eux-mêmes que sur leurs ennemis, cité pourtant si gaie entre ces batteries qui peuvent en peu de temps la réduire en cendres. Barcelone se vante d'être « le lieu par excellence de la joie et du plaisir »; et en effet, elle a plus de théâtres, plus de sociétés dramatiques, de musique et de bals que toutes les grandes villes d'Espagne, sans excepter Madrid, et on assure que le public y a un goût plus délicat.

Les équipages élégants, à peu près inconnus au commencement et même à la moitié du siècle dernier, ne se comptent plus, et le soir, au *Paseo* de *Gracia*, prolongement de la Rambla, les attelages fringants et luxueux donnent l'illusion d'un coin de l'Avenue du Bois ou des Champs-Elysées.

Ce que nous voulons graver dans notre vision, ce sont les magnifiques promenades, le quai du port que les Barcelonais appellent « la muraille de mer », les belles allées d'arbres qui séparent la ville de la citadelle et de son faubourg de Barcelonnette; ce sont ces étendues immenses, illuminées de la profusion des lumières électriques, des foules mouvantes et bruyantes, pressées sous les platanes et devant les somptueux cafés. Cervantès l'appelait « *la ville unique* », « *séjour de la courtoisie* » et « *patrie des hommes vaillants* »: mais la simple mention que nous avons faite des derniers troubles démontre qu'elle ne mérite plus d'être qualifiée de « *centre commun de toutes les amitiés sincères* ».

Nous n'oublierons pas non plus l'armée des « *Vigilantes* » et des « *Serenos* » que j'appellerai volontiers des « *veilleurs de nuit;* » nous les avions déjà vus et surtout entendus à Séville sur la *plaza San Fernando* où ils se réunissent chaque soir entre neuf et dix heures, munis de leur pique et de leur lanterne avant de se disperser pour remplir leurs fonctions.

Les « Vigilantes » sont, si je puis m'exprimer ainsi, les portiers des rues : coiffés d'un bonnet phrygien et munis d'une lanterne au verre rouge, ils ont un trousseau de clefs dont chacune porte un numéro correspondant aux numéros des maisons dans la rue où ils font le service; si quelque habitant ou étranger s'est attardé, il accourt et à l'aide de sa clef, il ouvre la porte.

La mission du *sereno* est plus compliquée; il fait la police de la rue, s'assure si les devantures des magasins sont bien fermées et exerce dans son quartier une étroite surveillance... Si quelqu'un a besoin d'un médecin, il donne sur une carte le nom et l'adresse du malade et celle du docteur, le Séréno passe cette carte à son plus voisin collègue qui la transmet à un troisième et cela jusqu'à destination. De la sorte, le malade, sans se déranger, est certain de recevoir, après quelques instants, la visite de l'homme de l'art.

Mais, me direz-vous, puisque les rues sont éclairées, à quoi sert la lanterne?... A gêner les voleurs dans l'accomplissement de leurs projets; peut-être aussi y a-t-il des ruelles obscures où la petite lumière blanche est d'absolue nécessité... et puis, enfin, affaire de tradition, on a beau être dans le siècle du progrès, les vieilles habitudes persistent; quand elles sont inoffensives, on aurait tort de s'en plaindre.

Ce qui dans tout cela m'a semblé le plus étrange, ce sont les annonces au milieu de la nuit; à chaque heure, même aux demies, le *sereno* lance à pleins poumons l'heure qu'il est, le temps qu'il fait; c'est assommant pour les dormeurs, éveillés par le bruit, d'entendre constamment crier : « *Tiempo pluvioso* » ou « *Tiempo nubloso* », le plus souvent « *Tiempo sereno* », je suis tout naturellement porté à croire que c'est pour cette raison que le qualificatif de *Sereno* leur a été donné.

Admirons sans réserve le goût du travail, l'activité industrielle et commerciale, cette croissance régulière qui éternisent la jeunesse des cités et des nations; à côté des vieilles capitales : Burgos, Tolède, Cordoue, Grenade sommeillantes sur la pourpre de leur glorieux passé, Barcelone modernisée, affairée, est la cité d'avenir, qui retient d'une main sa tradition d'honneur, et tend l'autre par delà la frontière de France à toutes les nations et par delà sa mer d'azur à tous les continents.

Sur ces pensers couleur de rose, à midi trente, le train nous reçoit et nous emporte... vers la terre de France; une voix intérieure nous le redit sans cesse avec un frémissement de joie, car il nous a été extrêmement agréable, il est vrai, de pouvoir entreprendre et réaliser cette excursion à travers l'Espagne, et telles journées ont été particulièrement intéressantes, telles autres absolument délicieuses... mais où donc trouver quelque chose qui vous tienne au cœur comme le sol natal, qui vous émeuve aussi doucement que le foyer domestique?

En regardant d'un œil captivé, à droite et à gauche de la voie, le paysage dont le soleil et les ruisseaux renouvellent continuellement la fertilité, — ce ne sont que jardins aux légumes superbes, aux fleurs éclatantes, vignes d'une verdure tendre pleine de promesses, — j'engage la conversation avec un jeune homme aux manières aisées, à l'air bon et sympathique, monté en voiture avec nous.

— « Cette campagne est vraiment belle, dis-je, je suis sûr que le travail sait en tirer le nécessaire pour alimenter la grande ville et plus encore. »

— « Certainement. Les Catalans sont laborieux et économes; pas un pouce de terrain n'est perdu dans ce pays. Vous voyez ces champs couverts de légumes qu'on exporte en France et ailleurs; dans quelques semaines ils vont devenir des champs de fraises : la gare de Cerbère où vous allez sera encombrée de paniers pleins de ces jolis et délicieux fruits, comme elle l'est actuellement d'artichauts, de choux, salades, fèves, asperges, et le reste. »

— « C'est pour nous une vive satisfaction de voir toutes les parcelles de terrain occupées; il y en a tant de perdues ailleurs, en particulier en Andalousie que nous venons de visiter. »

— « Ils sont un peu paresseux mes compatriotes du midi! »

— « Oui, et la paresse engendre la misère, nous en avons été témoins dans ces magnifiques pays qui mériteraient d'appartenir à une race vaillante comme celle des Catalans ».

— « Ici même il y a bien des insouciants. Nous laissons volontiers les grandes entreprises et les plus lucratives aux étrangers, nous ne savons prendre l'initiative d'aucune industrie : ainsi le gaz, les eaux, les transports, l'électricité, la marine même, sont aux mains des Français, des Allemands, des Belges qui se partagent le profit de notre commerce, de nos métaux, comme les Anglais le font pour les vins d'Andalousie! »

— « Avouez que c'est affligeant pour votre pays. Comment expliquez-vous cela? »

— « L'instruction technique, l'argent, le manque de confiance dans notre savoir-faire; tout fait défaut. »

— « Il y a cependant beaucoup de riches, et de riches intelligents en Espagne. »

Mon interlocuteur sourit; puis : « Ailleurs, les riches font travailler, et par leurs capitaux, participent aux affaires,... ici, ils s'amusent. Voilà la différence. »

— « Vos observations confirment les miennes; merci. Je vous félicite de la facilité avec laquelle vous vous exprimez en français; je suis loin d'en pouvoir faire autant dans votre langue! »

— « Mon commerce m'oblige à des transactions diverses, et pour agir par moi-même, j'ai dû étudier en France pendant quelques mois. »

— « J'adresse aussi mes félicitations à votre province; au moins, elle a des arbres; mais en Nouvelle-Castille, mais en Andalousie, quelle nudité! quel désert!... »

— « Je crains bien, Monsieur, que dans une vingtaine d'années, vous n'en disiez autant de ces bois que nous traversons. Les petits propriétaires, plus ou moins besogneux, ne voient dans l'arbre que de l'argent à palper tout de suite; plus ils en vendent, plus ils en reçoivent : les futures générations se tireront d'affaire comme elles pourront, pensent-ils... Et cette insouciance, on la retrouve jusque dans les administrations : on n'est jamais pressé... ah! il ne manque pas d'affaires à régler avant la vôtre... repassez demain. Tenez, je viens encore d'en faire l'expérience.

» Je suis négociant à Granollers; hier, j'étais à Barcelone pour une expédition urgente; impossible d'obtenir les papiers, l'employé était très occupé, etc., etc... Je dus retourner ce matin. A tous les bureaux, on me fit la même réponse : Je n'ai pas le temps... On verra demain... De guerre lasse, je dis amicalement à l'un d'eux : « Occupez-vous de mon affaire, je vous prie, c'est de la dernière importance : tenez, voilà pour votre obligeance, et je lui glissai *dix pesetas* dans la main, disant : je reviendrai à midi. J'étais en effet en gare une demi-heure avant le départ de ce train. Dès qu'il m'aperçoit, l'employé gratifié me dit : Votre envoi est parti il y a deux heures; voici vos papiers... Toutes nos administrations sont pareilles : on paie des fonctionnaires pour les divers services, mais ils ne font rien sans la piécette. »

— « Est-ce que leur traitement est suffisant? »

— « Suffisant, oui, étant donné la sobriété espagnole si peu exigeante en fait de nourriture; mais large, non. Voyez-vous, Monsieur, il y a beaucoup trop de fonctionnaires, ils ne font rien; s'ils étaient moins nombreux, ils seraient plus occupés et on les rémunérerait davantage, l'argent serait moins divisé. »

J'aurais aimé continuer cet échange d'idées avec le jeune et intéressant commerçant de Granollers, mais nous étions à la station, ce fut fini, et je lui en exprimai mon vif regret.

Que d'agréables et instructives rencontres on fait ainsi sur les longues routes suivies! les tête-à-tête en pleine confiance engendrent des sympathies qui deviennent des amitiés, amitiés à la vapeur qu'une heure développe jusqu'à l'intimité, qu'une minute à la station prochaine brise à jamais, dans un serrement de main, et un *au revoir* sans espérance.

Des oliviers, des vignes, des ravins ou *ramblas* transformés en charmants jardins, des collines boisées, des ruisseaux d'où partent de nombreux et minuscules canaux d'irrigation, et pour n'en pas perdre l'habitude, de distance en distance, quelques rares tunnels, puis des vieux châteaux et des ponts sur des gorges profondes. C'est par ces alternances que nous arrivons à Gerona, ville forte de quinze mille habitants, échelonnée en amphithéâtre et coupée en deux par la rivière *Onya* : d'en bas, le coup d'œil est gracieux; des hauteurs, il doit être splendide; le regard plonge, nous dit un aimable voisin, et sur les Pyrénées, et sur la Méditerranée.

La première ville importante désormais sera Figueras, place forte, remarquable par sa *Citadelle*, — *Castillo de San Fernando*, — construite sur le sommet de la colline; les logements, les magasins, les écuries sont considérables; vingt mille hommes et cinq cents chevaux y tiennent à l'aise; les immenses souterrains ont résisté jusqu'à l'heure actuelle aux assauts des mines et des bombes.

Mais le jour baisse, les ombres voilent le fond des vallées et s'étendent sur les plaines; les castels délaissés prennent des attitudes fantastiques; nous courons vers le littoral pour suivre la mer enveloppée d'une brume légère. On soupçonne plutôt qu'on ne les voit, les sites rocheux, incultes de La Pineda, et au fond d'un ravin, entre deux tunnels, nous voici à Port-Bou où nous nous arrêtons un instant, le temps de dire adieu à la terre espagnole pour pénétrer à deux kilomètres plus loin à Cerbère, frontière française.

XXI

26 avril. — Toulouse et le Capitole. — S. Saturnin. — Lourdes. — Séparation.

26 Avril.

Huit heures trente! Arrêt prolongé... c'est la douane!... Très clémente, elle se contente de nos déclarations; nous n'avons sans doute pas des figures de contrebandiers, chargés de tabac ou autres choses aussi terriblement délictueuses; nous passons sans rien ouvrir!... Rassurés et bien convaincus à notre tour, que nous sommes d'honnêtes gens, pas importateurs du moindre cigare, nous allons dîner de bon appétit et de bonne cuisine, française bien entendu, au buffet de la gare, avant de prendre le rapide de onze heures sur Toulouse. Faute de temps, nous nous refusons le plaisir de saluer le pays de Languedoc et les cités de Perpignan, Narbonne et Carcassonne choisies avec intention dans notre itinéraire. Les premières lueurs de l'aurore éclairent une terre plate sans la moindre ondulation, presque sans arbres; c'est le pays toulousain. A cinq heures, nous sommes à Toulouse.

Il n'est pas convenable de passer sans offrir nos hommages à la capitale du Languedoc; Clémence Isaure ne nous pardonnerait pas cette irrévérence; et que penserait le Capitole si nous lui refusions une respectueuse admiration?... Aussi, après la réfection du matin, nous suivons les larges Allées Lafayette copieusement plantées et ombragées, pour aboutir à la place du Capitole. C'est l'heure du marché quotidien : les légumes, la quincaillerie, la bimbeloterie, les toiles, les étoffes, les fleurs et mille autres produits pas plus exclusivement toulousains, en ont envahi toute l'étendue, au point qu'il reste à peine des sentiers où poser le pied et choisir l'endroit favorable à une vue d'ensemble de *la gloire de Toulouse.*

Est-ce influence rétrospective des palais d'Espagne dont la vision nous hante encore?... Est-ce prévention contre les exagérations méridionales?... Est-ce toute autre cause plus ou moins obscure?... Je ne sais; mais l'effet fut loin de répondre à notre attente, et, tout en regardant, en contemplant même la belle ordonnance de cette architecture du dix-huitième siècle, nous eussions voulu plus de hauteur pour cette longue façade de cent vingt mètres, un peu plate malgré les sculptures qui entourent les fenêtres, les armoiries du Languedoc qui les surmontent, les peintures qui donnent un ton chaud et une note éclatante à ce côté.

L'autre façade, terminée il y a vingt-cinq ans, est également intéressante, le jardin public qui se développe en avant lui fait un encadrement de verdure et de fleurs et contraste avec la blancheur des matériaux; mais un donjon du seizième siècle, soigneusement restauré par Viollet-le-Duc, empêche de l'embrasser d'un coup d'œil et arrête net l'admiration. Les Toulousains, je le conçois, ne veulent pas déplacer, encore moins anéantir ce monument historique si rempli de souvenirs. Cela leur permet de dire avec l'accent original qui leur est propre : « Hé! que voulez-vous! Toulouse regorge de richesses; il ne sait plus où les mettre!... »

Une étroite cour au centre de l'édifice rappelle la décapitation du Duc de Montmorency. On sait, d'après l'histoire, que la puissance de ce Gouverneur du Languedoc était telle que, méprisant les édits et les sanctions portés par l'autorité royale, il crut que le Ministre n'oserait toucher à sa noble tête; mais Richelieu avait une autre conception de l'Etat souverain, il n'admettait pas que, même après les brillants services rendus au roi sur les champs de bataille, on devînt par bouderie ou rancune, un chef de révoltés. Louis XIII et son ministre furent impitoyables.

C'est le propre de certaines dénominations de fouetter vivement la mémoire et de la promener à travers les siècles jusqu'aux temps les plus lointains. Du Capitole de Rome, elle s'arrête ici, entrevoit à travers le prisme de l'imagination ce que dut être l'édifice primitif aux temps gallo-romains; elle assiste à la naissance du Christianisme, à l'émeute populaire qui fait de saint Saturnin un martyr. Envoyé dans les Gaules, il se rend à Arles, à Nîmes, puis à Toulouse, prêchant partout Jésus-Christ, convertissant les foules par sa parole et ses miracles. Toulouse, comme le reste de l'univers, était encore plongée dans les ténèbres du paganisme; depuis l'arrivée de Saturnin, les idoles étaient muettes. Un jour, c'était en deux cent cinquante, l'évêque passait, *ici même*, au moment où les païens préparaient leur sacrifice; mécontents du silence de leurs dieux qui ne rendaient plus d'oracles, ils se jettent sur lui : « C'est cet impie, dirent-ils, qui en est la cause!... » ils le font monter au Capitole et lui ordonnent d'offrir l'encens aux divinités impériales. Sur son refus, on l'attache par les pieds au taureau amené pour le sacrifice, pendant que le peuple aiguillonne l'animal furieux et le

ÉGLISE DE SAINT-SERNIN A TOULOUSE. — VUE EXTÉRIEURE (P. 232.)

force à s'enfuir en bondissant par les degrés de l'escalier du temple; le martyr ainsi traîné eut la tête brisée sur les marches de pierre.

C'est dans cet édifice trois fois détruit et reconstruit que siègent au moyen âge les Capitouls élus pour un an seulement, mais dont la charge confère la noblesse. C'est là que Clémence Isaure établit les Jeux Floraux; la *Salle des Illustres*, au premier étage, les voit célébrer encore chaque année, et c'est en leur honneur que les artistes toulousains, les Mercié, les Falguière, les Marqueste, les J.-P. Laurens... l'ont embellie de leurs chefs-d'œuvre.

Le souvenir du martyre de saint Saturnin, premier Evêque connu de Toulouse, nous mène par la rue du Taur à l'église construite aux onzième et douzième siècles sur son tombeau. Saint-Sernin — comme on dit ici — est le plus beau et le plus complet spécimen que j'aie vu de l'architecture romane et c'est véritable joie de constater l'harmonie des détails et de l'ensemble, si imposant par la grandeur de l'édifice — cent quinze mètres, la hauteur du clocher, soixante-cinq mètres — splendide aussi dans ses étages ajourés et superposés. On pardonne aux stalles de la Renaissance de se trouver là, dépaysées, parce qu'elles constituent une signature authentique de leur siècle.

On nous avait signalé en passant le clocher bizarre de Notre-Dame du Taur, son église du quatorzième siècle; j'avoue n'y avoir trouvé rien de remarquable.

On eût dit qu'il n'y avait pas âme vivante dans tout ce quartier qui nous laissa une impression de solitude moyenâgeuse. Le temps manquait — d'ailleurs ce n'était pas dans notre plan — pour inventorier les autres richesses de Toulouse, y compris la Garonne; nous nous contentons de saluer le célèbre ingénieur Riquet qui, sur son socle de pierre, contemple le canal mené à bonne fin par son initiative.

A midi trente, nous courons vers notre dernière étape : Lourdes.

Il n'y a jamais le risque de se trouver seul sur les chemins qui mènent à Lourdes, même au premier printemps : les hommes et les jeunes gens de Montauban en sont aujourd'hui la preuve, ils viennent par quatre trains différents porter leurs hommages à la Vierge de Massabielle. Arrêtés à Bordes par une panne de locomotive, nous les rencontrons et les saluons à cette halte; la jeunesse, toujours aimable, surtout quand elle s'appelle « l'*Etoile de Montauban* », répond à nos saluts par les joyeux accords de sa fanfare qui nous honore de ses meilleurs morceaux en attendant qu'elle puisse éveiller les échos du Gave et des Pyrénées.

LOURDES.

Cinq heures et quart! « Lourdes!... Tout le monde descend! » Nous ne nous faisons pas prier.

LA GROTTE DE MASSABIELLE. (P. 234.)

Dès les premiers pas nous croisons des groupes de plus en plus nombreux; ce n'est pas seulement Montauban, c'est Vannes, c'est Rennes, c'est l'Italie, la Suisse qui aujourd'hui même inaugurent les pèlerinages de 1911. De sorte qu'à notre insu, contre toute prévision, nous allons jouir d'un des plus beaux spectacles qui se puissent voir : quatorze mille hommes venus, la plupart de loin, apporter à la Vierge de Lourdes. l'hommage de leur piété, de leur foi, de leur reconnaissance, de leur amour.

Quelle féerie que la procession aux flambeaux ce soir à huit heures, entre la montagne et le torrent qui se renvoient les *Ave*, les *Laudate Mariam* dans la sérénité d'un soir printanier! Ils sont huit, dix de front, formant un ruban d'un kilomètre de longueur, ondulant depuis l'Esplanade de la Basilique jusqu'à la statue de saint Michel et le Calvaire des Bretons : ruban de feu, des quatorze mille cierges à la flamme sans cesse mouvante qui éblouissent quand on les fixe de près; qui pâlissent quand on regarde l'église du Rosaire, la Basilique, la flèche, ruisselantes des feux électriques. D'innombrables prêtres, mêlés aux fidèles, dirigent les chants, alternent les prières : la procession se termine sur le parvis du Rosaire avec le Credo de Dumont chanté à pleine voix par la foule recueillie et avec la bénédiction des trois Evêques de Montauban, de Rennes et de Vannes. Je renonce à décrire cette scène, elle reste inoubliable!... quand toutes ces têtes d'hommes s'inclinent profondément pendant que l'esprit monte jusqu'à la Divinité dans l'acte de foi, et le cœur dans l'acte d'amour, un frisson d'enthousiasme traverse la profondeur de l'être, et l'âme du simple spectateur spontanément éclate vibrante à l'égal des plus tendres, des plus impressionnables, dans les strophes du *Magnificat !*

Et pourtant le terme ultime de toutes les émotions n'est pas dans ces splendeurs extérieures, pas même dans la pompe liturgique des Messes et des Saluts, dans les recueillements si pénétrés, si expressifs d'innombrables communions dans les trois Sanctuaires superposés, non plus que dans le Chemin de Croix qui suit les lacets de la montagne; mais allez sur les bords du torrent, et laissant fuir le flot du Gave murmurant ou grondant, regardez le rocher, la *Grotte* de Massabielle où la Vierge Marie a posé le pied : le vrai spectacle, saisissant, unique, est là : genoux fléchis, bras en croix, mains tendues, suppliantes dans une ardeur de prière et de désir, parfois aussi de souffrance, qu'aucune parole n'exprime, mais que tout l'être révèle en ses attitudes sans contrainte.

Ce fut une fête de prières, de liturgie, de lumière, d'enthousiasme, trois jours durant, à peine atténuée par la nuit remplie d'Adorations, de Messes et de Communions. Quelle belle occasion pour nous de dire un tout particulier et filial *merci* à la très Sainte Vierge, tant vénérée en territoire espagnol, pour sa maternelle protection! Nous ne pouvions, sans remords, taire notre reconnaissance; nous nous acquittâmes de ce devoir avec d'autant plus d'émotion que le départ de Lourdes marquait aussi l'heure de la séparation. Mon fidèle compagnon de route, le vieil ami à côté de qui j'avais naguère foulé le sol de Terre-Sainte et d'Orient, me quitta après force promesses de nous retrouver un jour, s'il plaît à Dieu, en quelque autre coin intéressant de l'Europe! Le rêve n'en coûte rien, et il colore la tristesse un peu grise des adieux.

TABLE DES MATIÈRES

Imprimé par Desclée, De Brouwer et Cie, Lille-Paris-Bruges.

SOCIÉTÉ SAINT-AUGUSTIN

Livres pour Distributions de Prix

Grand in-8° — 2me Série

Prix, broché: 1 fr. 50

Au Pays des Kroumirs et au Maroc, par Florentin DE BENOYST. 29 gravures.

Avril en Espagne. De Saint-Sébastien à Barcelone par Malaga, par D. LEROUX. 53 gravures.

Dix ans d'apostolat à Madagascar, par Mgr CROUZET. 45 gravures.

Fleurs des Cieux, par Dom FOURIER. 20 gravures.

Souvenirs de Tante Églantine, par E. DE PLAGNE. 40 gravures.

Souvenirs et Impressions d'Extrême-Orient, par l'abbé NAIN. 50 gravures.

Une belle âme, Notice et souvenirs intimes de Mlle Adeline LOMBRAIL. 25 gravures.

Cinquante ans d'action catholique et française. 45 gravures.

La Pucelle ou la France délivrée, par l'abbé MALASSAGNE. 14 grav.

La Sainte Vierge, dans la Tradition, dans l'Art, dans l'Ame des Saints et dans notre Vie, par J. HOPPENOT, S. J. 77 gravures.

Au Pays des Peaux-Rouges, par le R. P. BAUDOT, S. J. 47 gravures.

Episode Normand. — Noble vengeance, par ÉGLANTINE DE PLAGNE. 29 gravures.

Champs et moissons d'apostolat. Voyages aux Indes, par le P. ANDRÉ, O. C. D. 73 gravures d'après photographie.

Une nuit de Noël sous Jacques Cartier, par Ernest MYRAND, de la Société royale de Canada. 3e édition. 2 gravures.

Saint Pierre Fourier, par FOURIER BONNARD, avec 21 portraits et gravures.

Paul Odelin, Lieutenant de mobiles, sa vie, ses lettres. 25 gravures.

Jeanne d'Arc, miracle de Dieu, par l'abbé MALASSAGNE. 14 gravures.

Fleurs et Guirlandes (méthode pour faire les fleurs artificielles), par Mme A. DE GENTELLES. 240 gravures.

Un Gentilhomme lorrain, Vie du Comte DE LAMBEL. 18 grav.

Fleurs noires et Ames blanches, par H. TRILLES, missionnaire du St-Esprit. 130 gravures

Historiettes et Récréations. 100 gravures.

La Bienheureuse Jeanne d'Arc, par l'abbé MALASSAGNE. 66 gravures.

Les Épreuves de Valentine, par Mme DE GENTELLES. 25 gravures.

Le Crucifix, par J. HOPPENOT. 50 gravures.

Souvenirs de la Jeunesse, par Berthe LAVIGNE. 12 gravures.

Vie de sainte Ide de Lorraine, comtesse de Boulogne, par l'abbé DUCATEL. 37 gravures.

Victime du Secret de la Confession, par le P. SPILLMANN, S. J. 12 gravures.

www.ingramcontent.com/pod-product-compliance
Ingram Content Group UK Ltd.
Pitfield, Milton Keynes, MK11 3LW, UK
UKHW020210250726
13967UKWH00003B/1378

9 782012 879225